生命歷史的證人——化石

地球上的生命大約誕生於三十八億年前，在反覆進行演化、繁榮及滅絕的過程中形塑了現在的生態系。多虧了從太古的地層中挖掘出來的「化石」，生活在現代的我們才能知道這些事情。化石就是將生命的歷史傳達給後世的時空膠囊。

▲透過從各種不同地層所發掘出來的化石，能夠推測出各年代的生物特徵以及當時的地球環境。

影像提供／富田幸光

帆龍／異齒龍

在恐龍登場前的二疊紀支配陸地的單弓類，一般認為其背部的帆扮演著調節體溫的功能。

影像提供／富田幸光

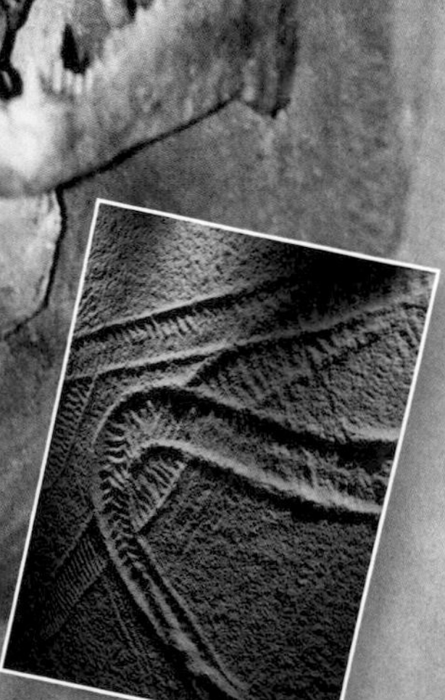

▶寒武紀生物的印痕化石。已經知道這個時期的生物種有了爆發性的增加。

攝影／大橋賢
日本國立科學博物館收藏

地質年代表

從發掘自各個不同地層的化石特徵，可以將生命的歷史分成三個「代」、十二個「紀」。一般認為在各個紀的中期，分別都經歷過由於環境變化等因素，所導致生物相改變的大量滅絕。

時代	開始時間	主要事件
前寒武紀時代		生命的誕生（約38億年前） 多細胞生物出現（約20億年前）
古生代 寒武紀	約5億4100萬年前	生命大爆發 魚類出現
古生代 奧陶紀	約4億8640萬年前	三葉蟲的繁榮
古生代 志留紀	約4億4340萬年前	陸地植物的出現
古生代 泥盆紀	約4億1920萬年前	昆蟲的出現 脊椎動物登陸
古生代 石炭紀	約3億5890萬年前	蕨類植物的繁榮 裸子植物的出現

▶被稱為蘆木（*Calamites*）的蕨類植物的化石。在石炭紀到二疊紀之間非常繁盛。

影像提供／冨田幸光

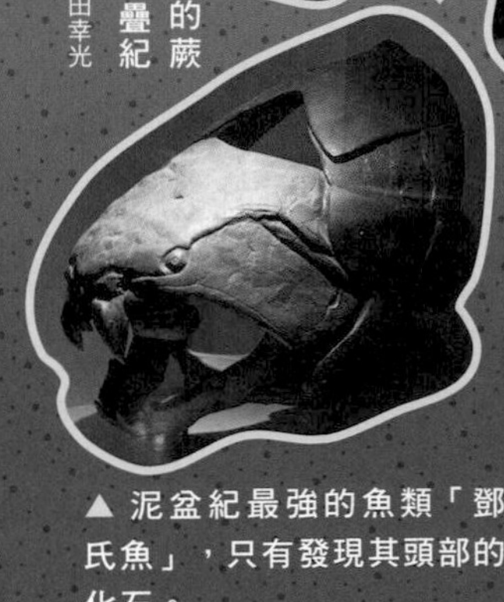

▲泥盆紀最強的魚類「鄧氏魚」，只有發現其頭部的化石。

攝影／大橋賢 日本國立科學博物館收藏

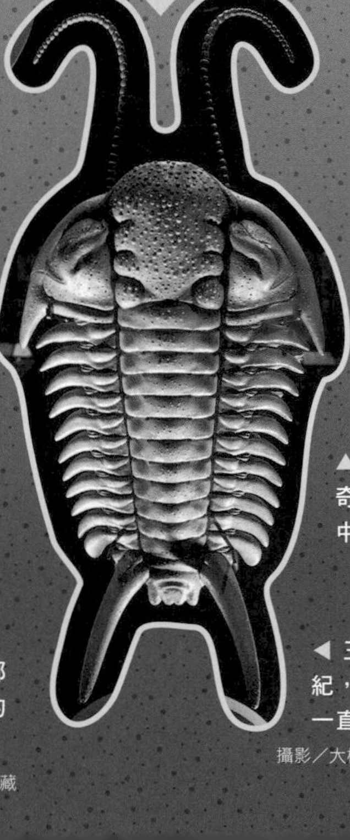

◀三葉蟲。誕生於寒武紀，到古生代中期為止都一直很繁盛。

攝影／大橋賢 日本國立科學博物館收藏

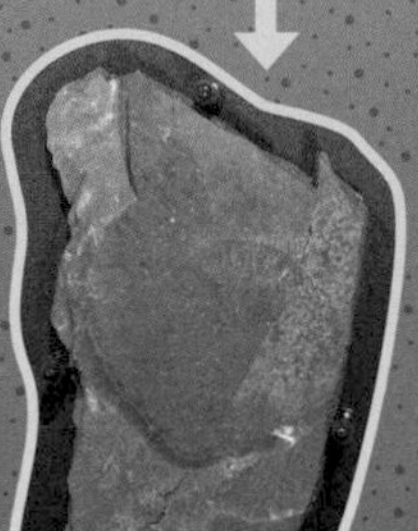

▲支配寒武紀海洋的奇蝦化石。在圓形的口中擠滿了尖銳的牙齒。

攝影／大橋賢
日本國立科學博物館收藏

代	紀	開始年代	事件
新生代	第四紀	約259萬年前	智人的出現
新生代	新第三紀	約2303萬年前	人類的出現
新生代	古第三紀	約6600萬年前	哺乳類的繁榮
		約6600萬年前	中生代末期的大滅絕
中生代	白堊紀	約1億4500萬年前	被子植物的出現
中生代	侏羅紀	約2億130萬年前	鳥類的出現
中生代	三疊紀	約2億5217萬年前	恐龍的出現、哺乳類的出現
		約2億5217萬年前	古生代末期的大滅絕
	二疊紀	約2億9890萬年前	爬蟲類的繁榮

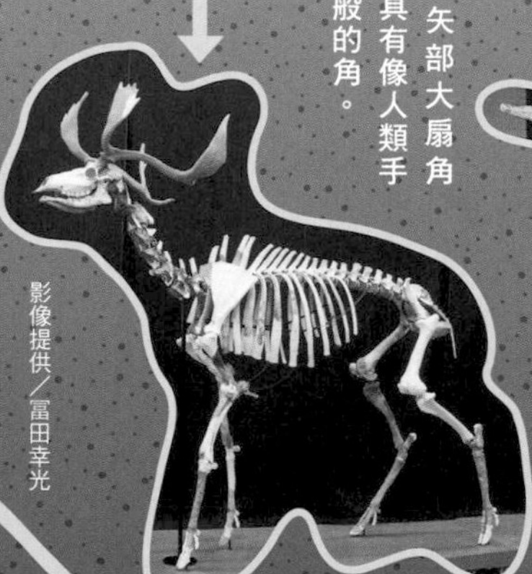

▼矢部大扇角鹿具有像人類手掌般的角。

影像提供／冨田幸光

▲白堊紀後期的代表性植食恐龍——三角龍。用三根巨大的角武裝自己。

影像提供／冨田幸光

▶粗壯南猿，大約在一百五十萬年前滅絕的人類。

攝影／大橋賢 日本國立科學博物館收藏

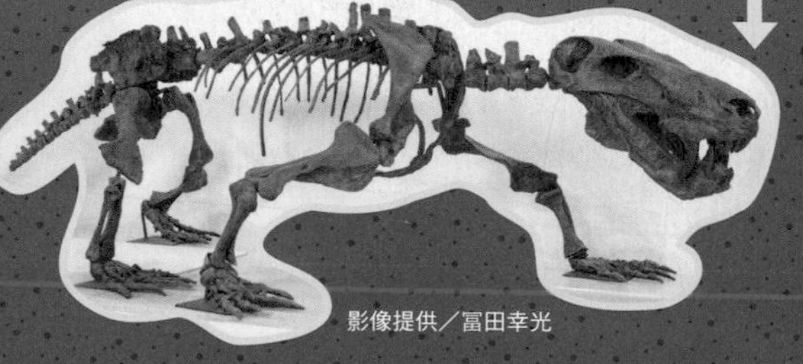

▼狼蜥獸，全長可達三公尺的大型爬蟲類。

影像提供／冨田幸光

存活於現代的活化石

從古代就出現並棲息於地球上、幾乎完全沒有改變樣貌而一直持續生活到現在的生物，被稱為「活化石」。它們也能夠成為讓我們更深入了解已滅絕物種的線索，在此就對這些貴重的生物們加以介紹。

腔棘魚

©Vladimir Wrangel / Shutterstock.com

▲ 一般認為腔棘魚是在古生代泥盆紀出現、一直到中生代末期都很繁盛的古代魚。

奇異鳥

©John Carnemolla/ Shutterstock.com

▲ 分布於紐西蘭的一種不會飛的鳥類，瀕臨絕種。

鸚鵡螺

▲ 誕生於寒武紀，很像菊石的海洋生物。從白堊紀末期的大滅絕中殘存下來，現在南半球的海洋中還有 4 ～ 6 種存活著。

©Mathew R McClure/ Shutterstock.com

歐卡皮鹿

◀雖然身上長著像斑馬般的條紋，但其實是長頸鹿的近親。

©City of Angels/ Shutterstock.com

鴨嘴獸

©Jonas J/ Shutterstock.com

▲ 不具有授乳用乳頭的原始哺乳類，分布並棲息於澳洲。

加拉巴哥象龜

©Ryan M. Bolton / Shutterstock.com

◀ 世界上最大的陸龜。由於在 16 世紀時被人類帶進加拉巴哥群島的各種外來生物而一度瀕臨絕種。

哆啦A夢科學任意門

DORAEMON SCIENCE WORLD

神祕化石時光布

哆啦A夢科學任意門
神祕化石時光布

目錄

關於這本書

這本書很貪心的想要讓大家能夠一邊享受閱讀哆啦A夢漫畫的樂趣，一邊學習最新科學知識。

在漫畫中提到的科學主題，會在其後做深入的解說。雖然這可能也包含了一些比較困難的內容，但仍舊盡量以現在的各種研究結果為基礎，深入淺出的對生命的演化與化石的知識做解說。

遠古的生物或是生物留下的痕跡化成石頭，並且被發現……。而化石是來自地球的貴重禮物。本書從化石究竟是什麼樣的東西、為什麼會形成化石開始，說明從化石得知的遠古地球生物姿態。

自從最初的生命誕生以來，地球上出現了各式各樣的生物。包括具有奇妙外型，或是巨大到令人不可置信的身體，完全不知道牠們究竟是如何活動的動物等，化石都將它們的生態一一教給我們。希望大家也能從閱讀這本書的過程中，想像已滅絕生物們的姿態與形狀，以及它們還活著時的生活等等，並從中獲得樂趣。

※未特別載明的數據資料皆為二〇一六年十月的資料。

而且牠還是活的呢！
真是世紀大發現啊！
而且真的是新品種，世界上還沒發現過這種三葉蟲啊！

尼斯湖水怪來了

哇啊……這麼認真在唸書啊？
一個寫筆記，一個在剪貼……
天氣這麼熱，真讓我感動啊。
期待你第二學期的成績。
有這些資料的話，應該不會輸了吧？哆啦美。
大木那個傢伙，竟然說尼斯湖的水怪不存在……
這就是要開討論會的原因啊。
加油喔！
公開討論會
「尼斯湖水怪是否存在？」

神祕化石時光布Q&A
Q 最早被命名的恐龍化石是？ ①暴龍 ②三角龍 ③斑龍

A
③斑龍。一八二二年發表的肉食恐龍——斑龍的下顎化石，被認為是最早的恐龍化石。

※咚咚
コン
コン
雙方要徹底的討論出結果來。
大家要仔細的聽兩人的意見，然後給出公平的判斷。
對啊！這是較科學的方法。
那麼，討論會開始。
嘿嘿嘿，就由我擔任司儀。
首先由相信尼斯湖水怪一定存在的大雄開始。
※站挺
スック
※啪啪啪啪
パチパチ
首先，一開始……
請大家先看看尼斯湖的地圖。
SURVEY MAP (NOT TO SCALE)
INVERNESS
LOCH NESS
FT AUGUSTUS
大家有看到標示X的地方吧？
這些是大家目擊尼斯湖水怪的場所。
有那麼多地方啊！

Q 在埃及的金字塔中找到的木乃伊也被分類為化石。這是真的嗎？

第一次發現尼斯湖水怪的記錄是……
西元五六五年，也就是說距今約一千四百年前……
有一個叫阿德曼的人在「聖哥倫伯傳」中寫到有關尼斯湖的龍。
時間再切換到一九三三年。
從這一年開始，尼斯湖周邊開闢了道路，有更多人可以來到這裡。
看見尼斯湖水怪的人也增加了。
一九三四年漁業管理員坎貝爾說，他發現「脖子長一百八十公分，樣貌似蛇，背部有隆起物，全長約九十公尺的怪獸。」
A・坎貝爾
同年，尼斯湖水怪被拍到第一張照片。拍攝這張照片的人是肯尼斯・威爾遜，是倫敦的一名外科醫生。
同樣是在一九三四年，亞瑟・葛蘭德看到爬上陸地的尼斯湖水怪。
據說被摩托車燈照到時的姿態，簡直跟古代生物腕龍一模一樣。
暫停!!
我覺得這些話聽再多也沒有用。
為什麼!?
光是有人聲稱目擊，那樣哪叫證據呢？

※嗯嗯
當中可能有人說謊啊！也有可能是在慌張、情急之下，把流木或船隻誤認是尼斯湖水怪！
ウンウン

如同大木所說的。
大雄你要拿出證據給我們看。
沒問題。

我準備了很多照片。
照片太多，不知道要拿哪一張。
我就讓你們看看代表性的照片。

▶斯圖爾特拍攝的照片。

▲K·威爾遜拍攝的照片。

▲P·A·麥克那布拍攝的照片。

▼歐科那拍攝的照片。

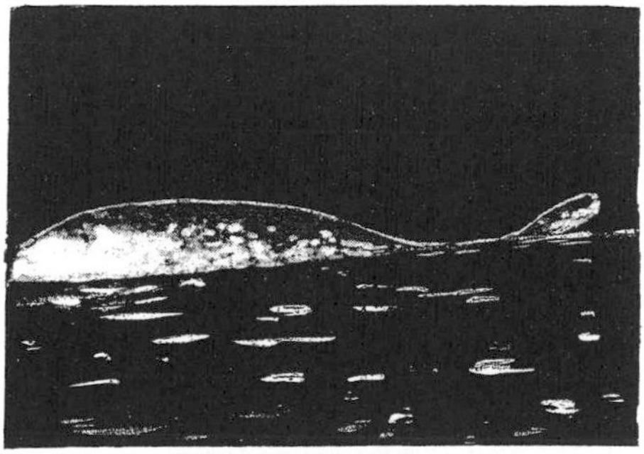

A 假的。所謂化石是要在堆積層中經過一萬年以上的時間，自然石化的生物痕跡。由人類製造出來的木乃伊並不能稱為化石。

神祕化石時光布Q&A

Q 被認為是史上最大恐龍的阿根廷龍，有找到其全身的化石。這是真的嗎？

嗯，我有看過這些照片。
想不到有這麼多照片……
果然是存在的。
大木，你還有話要說嗎？
我的意見待會再說。
只有那些資料……
不知道大雄贏不贏得了……
我覺得很奇怪，
因為大木腦筋很好。
應該要準備更明確的……
證據才可以。
一九六八年英國伯明罕大學的科學家們，利用水底聲納探測器來調查尼斯湖。
結果，在水中明顯的探測到巨大的動物身影。

A 假的。只有找到脊椎骨、肋骨、一部分的後腳。不過從骨頭大小的推測結果，認為牠應該是史上最大的恐龍。

我覺得尼斯湖水怪是存在的。
我也是！
我從一開始就這麼覺得了。
好了，就這麼決定！尼斯湖水怪是存在的。
等一下……
你知道嗎？也有很多學者反對伯明罕大學所發表的意見。
水底聲納探測器也有可能拍到根本不存在的影子。
就像幽靈那種經常發生的現象。
※嗡嗡嗡
把「地底探險車」……
設定在自動操作的模式……
ゴゴゴ
※沉入
趕快去吧！
ブクブク

Q 生命的誕生之所以被認為是在大約38億年前，是因為找到了那個時代的化石。這是真的嗎？

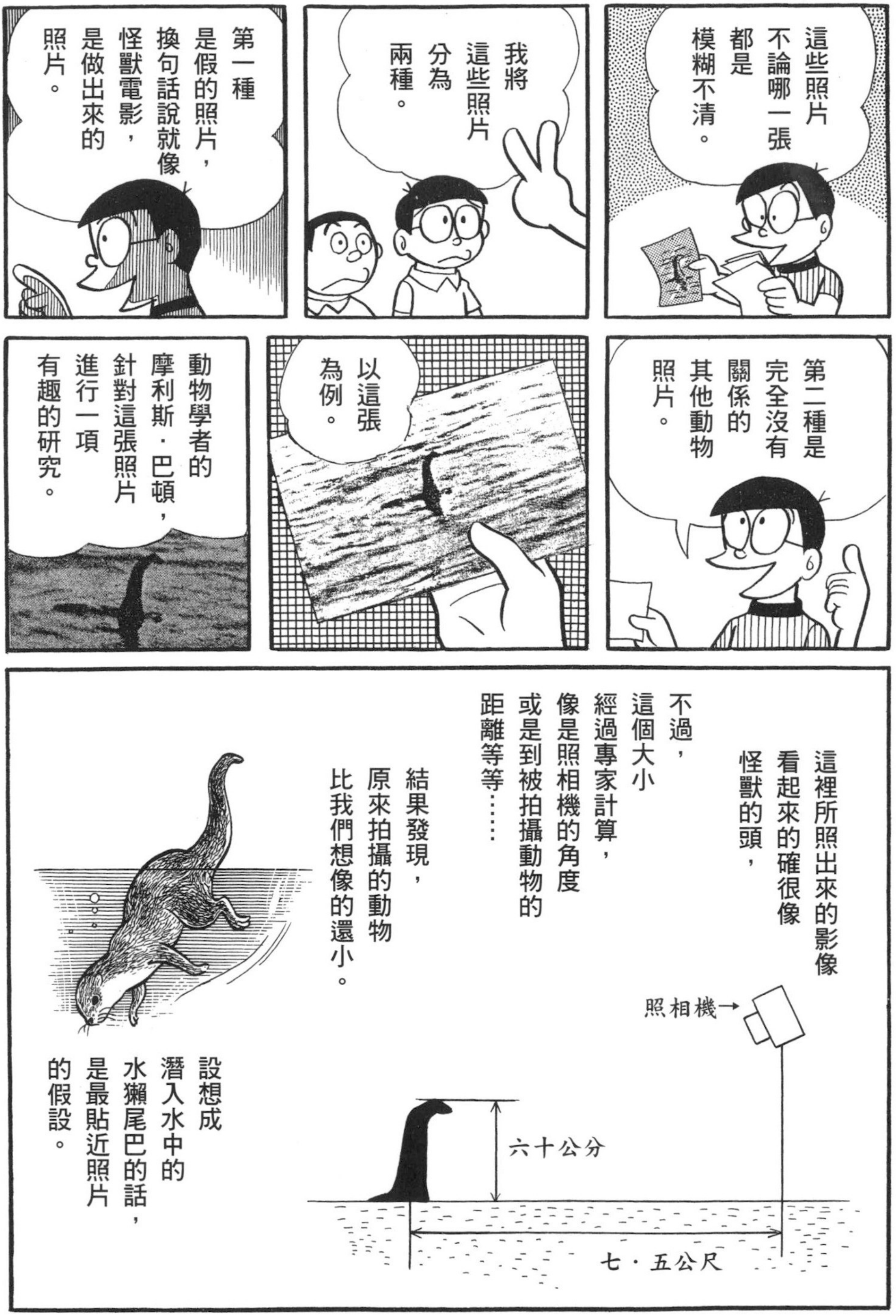
這些照片不論哪一張都是模糊不清。
我將這些照片分為兩種。
第一種是假的照片，換句話說就像怪獸電影，是做出來的照片。
第二種是完全沒有關係的其他動物照片。
以這張為例。
動物學者的摩利斯・巴頓，針對這張照片進行一項有趣的研究。
這裡所照出來的影像看起來的確很像怪獸的頭，
不過，這個大小經過專家計算，像是照相機的角度或是到被拍攝動物的距離等等……
結果發現，原來拍攝的動物比我們想像的還小。
照相機→
六十公分
七・五公尺
設想成潛入水中的水獺尾巴的話，是最貼近照片的假設。

A 真的。在格陵蘭大約38億年前的岩層中，發現了含有被認為是微生物起源的碳。

在這麼小的湖裡……
每年都有那麼多人來觀光，卻連一隻水怪也沒抓到。
INVERNESS
FT AUGUSTUS
甚至連一根骨頭都沒發現。
你不覺得這太不可思議了嗎？
我覺得尼斯湖水怪不存在。
我也是。
我從一開始就覺得不存在了。
決定了!!尼斯湖水怪不存在!!
等…等一下啦！
你的意思是說…你不服從我們公平的判斷嗎？
我被胖虎揍了……
我已經很努力了。
了不起!!
我答應他們會找出新的決定性證據。
如果找不到，我就必須在大家面前道歉了。
沒問題的，尼斯湖水怪是真的存在。

咦——!?
妳說要把尼斯湖水怪帶來!?
我用地下水路把公園的池塘跟蘇格蘭尼斯湖相連結。
等探險車一到了尼斯湖，
就會灑下尼斯湖水怪喜歡的飼料。
等到尼斯湖水怪一靠近，
探險車就會像吸塵器，把尼斯湖水怪吸住。
並全力加速趕回來。
會這麼順利嗎？
大雄，這麼早要去哪裡啊？
嗯……我有點事。

神祕化石時光布Q&A

Q 蟑螂也被稱為「活化石」。這是真的嗎？

A 真的。蟑螂出現於大約3億年前的石炭紀。雖然體型比現存物種大，但是外型卻幾乎沒有改變。

把「空氣栓」裝在鼻子上……
這是探險車挖的隧道吧！
真的可以連接到蘇格蘭尼斯湖嗎？
尼斯湖水怪還沒來。
大雄，你的新證據找到了嗎？

Q 菊石類的化石，既有找到雄性也有找到雌性。這是真的嗎？

現在才過三天，路途遙遠，我想大概要花一個星期的時間。
我答應他們，一個星期內會讓他們看到新的證據。
沒問題的，我想一定可以趕上的。
可是，尼斯湖水怪一到，讓大木看過後就得讓牠立刻回去喔！隧道也要封閉起來。
如果讓其他人看見，會引起騷動的。萬一尼斯湖水怪被捕捉就糟糕了。
說得也是。
※唧！唧！唧！
今天是第七天了。
趕快讓我看看啊！讓我看看尼斯湖水怪存在的證據啊！
一早開始就在池塘附近繞來繞去做什麼啊!?

A 真的。雌性菊石比雄性要大上許多，殼的開口也是雌雄各有不同的形狀。

你馬上就可以看到了。
好熱！我回家等你。
等證據一到，我想讓你立刻看到。
真的會來嗎？
太陽已經下山了!!
我還是第一次做這麼愚蠢的事!!
像個男人道歉吧！
尼斯湖水怪根本不存在。
不，凌晨十二點前還是今天！
他生氣回家去了。
十一點五十分了！
我去看看吧！

神祕化石時光布Q&A

Q 在中世紀歐洲，人們把化石當成藥物使用。這是真的嗎？

來了!!
快點！
快叫大木過來!!
究竟長什麼樣呢？
尼斯湖水怪果然存在的。
我現在就要讓他看看。

A
真的。被稱為蟾蜍石（toad stone）的魚類牙齒化石，被相信能夠當成是解毒劑以及治療癲癇的藥品使用。

大木，醒醒啊！
ドドン
※咚咚咚
ドン
證據出現了！
我搞錯了。
這裡是胖虎的家。
這麼晚了是誰啊？
三更半夜把人吵醒。
大木，你快點起來啊！
咦…大木不在家？
大雄，你好慢喔！
大木他去親戚家了。
好不容易把尼斯湖水怪帶來的…
卻派不上用場！

神祕化石時光布Q&A

Q 目前有發現一種殼像蛇一樣，捲來捲去的菊石類化石。這是真的嗎？

那至少拍張照片吧……
即使拍了照片，他也會說我是造假的。
呀啊！
好像被人看到了！
會引起騷動的！必須趕快讓尼斯湖水怪回去，把隧道封起來。
不能在這個池塘裡偷偷飼養嗎？
這怎麼可以呢?!
尼斯湖水怪可是無可取代的「活化石」。
萬一發生什麼事，我們必須向這個世界上的人們道歉！
唉……證據回去了。
明天只好向大木道歉了。
對不起，我沒有幫上忙。

你這傢伙!!竟然不相信我說的話!?
ボカ
ゴッ
※拳打腳踢
不可以動手打人！
怎麼了？
昨天半夜不知道誰來吵我，結果我就睡不著。
天氣很熱，我就到公園散步，結果池塘裡出現……
尼斯湖水怪！跟你之前的照片一模一樣!!
大木，我再問你一次，尼斯湖水怪到底存不存在？
存在、存在。
尼斯湖水怪是真的存在！

A 真的。發現於北海道的菊石類化石「奇異日本菊石（*Nipponites*）」，殼很長而且捲來捲去。被稱為「異常捲曲」。

化石是來自遙遠過去的禮物

暴龍的化石

白堊紀後期的恐龍——暴龍的全身骨骼。在 **1824** 年斑龍被正式命名前，人們甚至不知道曾經有過恐龍這種生物存在。

影像提供／冨田幸光

化石是解開地球歷史及生命之謎的線索

所謂化石，是從太古的地層或岩石中發現的生物屍體殘骸、足跡或是生活的痕跡，並且要距離現在大約一萬年以上。只要調查這些化石，就能夠知道現在已經不存在的生物特徵，或是發掘地層的年代、當時的地球環境。例如生物的誕生在距今大約三十八億年前，之後再逐漸演化、多樣化；而後每逢環境有大幅度的變化，就反覆會有各種各樣的物種繁盛或滅絕。我們之所以能夠認識這樣的地球及生命的歷史，都是託了化石之福。化石，是來自遙遠過去的貴重禮物。

▼化石的發掘現場。

影像提供／冨田幸光

▼10 萬年前的智人化石。雖然人類的同類曾經有過 20 種以上，但是現在也還存活著的只有我們智人而已。

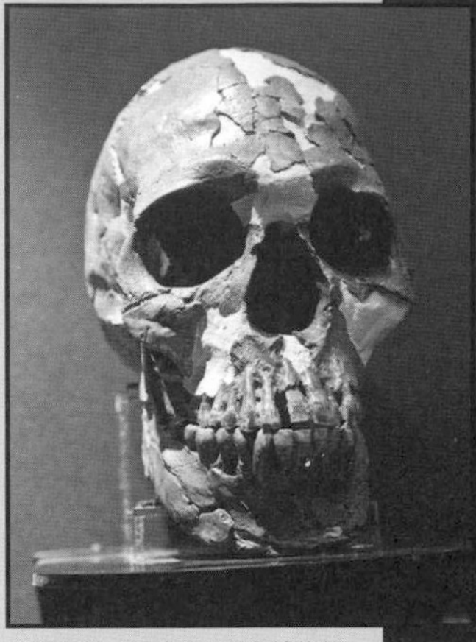

影像提供／日本國立科學博物館

特別專欄

貝塚裡的貝類不能稱為化石

貝塚，是很久以前的人類吃完貝類，將外殼集中的垃圾堆遺跡。雖然那確實也是在地底下找到的，卻不是自然被埋在堆積層之中，所以不能稱為化石。這樣的人類生活痕跡，被分類為遺跡。

「活化石」是什麼？

在前面的彩色頁中有介紹過，所謂「活化石」，是指在數億年前到數萬年前便很繁盛的生物，是在幾乎沒有改變外型的狀況下存活到現代的物種。假如像漫畫中的尼斯湖水怪那樣的蛇頸龍到現代還活著的話，應該就會是生物學界或是考古學界最大的發現吧！

好不容易把尼斯湖水怪帶來的…
卻派不上用場！

化石是怎麼形成的？

死亡動植物的部分身體在地層中變成礦物

當動物死亡之後，身體的柔軟部分會被其他動物吃掉，或是腐敗（被微生物分解），而後消失無蹤，不過像骨頭、牙齒、殼等堅硬部分則不太容易消失。當這些部分被埋在堆積物裡之後會長久殘留在地層中。而後又被地底的碳酸鈣或是矽、氫化鐵等轉變成礦物，再變成化石。

另一方面，大多數的植物也會在堆積層中炭化，變成化石。在這種狀況下，不只是葉片和樹幹而已，就連花粉也會變成化石留下來。

插圖／加藤貴夫

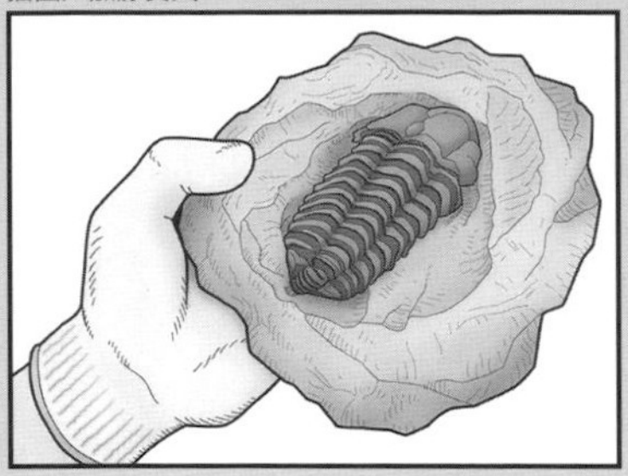

◀透過花費超過一萬年的時間才變成化石的生物殘骸，我們就能夠了解遙遠過去的歷史。

形成化石的過程

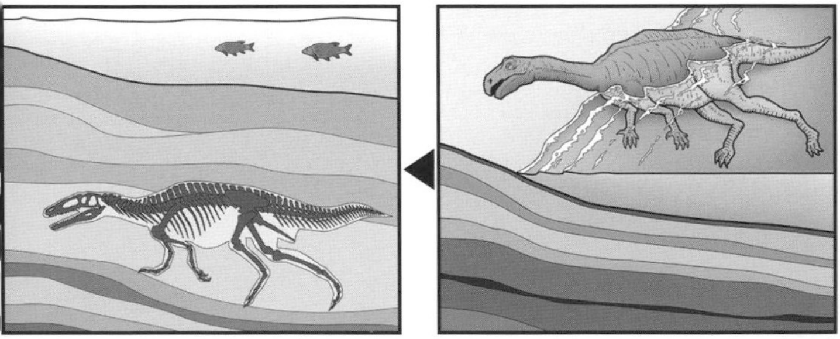

① 生物死亡

海洋生物或是在河岸邊死亡的陸生生物沉到海底或湖底，身上的皮、肉和內臟等柔軟部分開始腐敗，最後只剩下堅硬的牙齒和骨骼。（註：在沒有細菌等菌類的環境中，有時候連柔軟的部分也會變成化石留下來。）

② 埋在地層裡

被水流搬運來的沙和泥，堆積在生物的屍體殘骸上，經過長時間後變成地層。之後比較新時代的生物屍體及沙土堆積在上，而較古老的屍體由於上方層層堆積物的壓力及化學反應轉變成礦物，再變成化石。

插圖／加藤貴夫

特別專欄

連學者也被騙的假化石事件？

和能夠用 X 光分析化石的現代不同，從前很難分辨出化石的真偽。據說在 18 世紀，德國的著名博物學家約翰．貝林格相信被雕刻成蜥蜴和青蛙形狀的石灰岩是真的化石並加以發表，最後弄得灰頭土臉。用假化石騙他的是兩個大學的同事。他們因為覺得貝林格的態度太傲慢而生氣，就製作假化石埋在貝林格正在進行發掘作業的地層中。事件爆發後，雙方的名譽都受到很大的損害。

插圖／佐藤諭

化石的正確復原作業是靠想像力及經驗的累積

大多數的化石都不是全身完整的被找到。研究者們通常是靠著僅有的碎片想像整體的樣子，再藉由經驗的累積來進行復原作業。畫在圖鑑上的古代生物姿態，其實非常有可能和實際樣貌完全不同。

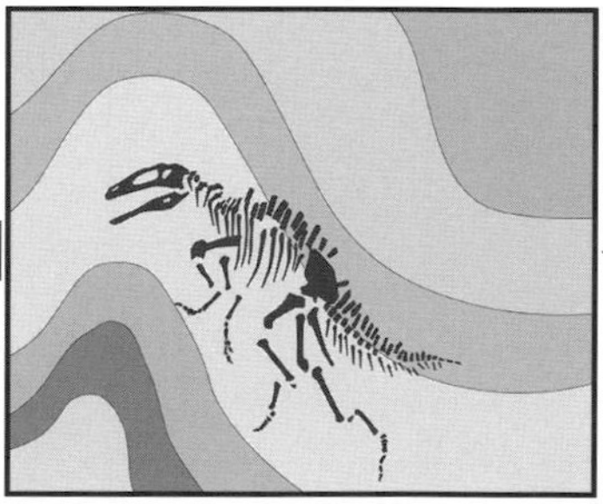

③ 海底隆起

隨著數萬年到數億年的時光流逝，地殼發生變動，到那時為止的湖底和海底地層隆起變成陸地，而在地層中沉睡的化石也一起被抬起到懸崖或很接近地面的地方。

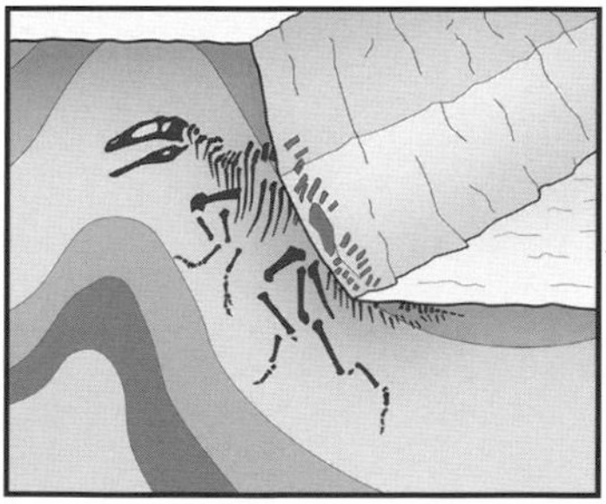

④ 在地表出現

懸崖和地面的表面會因自然的風化作用（雨、風或流動的河川等）而一點一點的被削掉，最後讓化石現身。而後被人類挖掘出來的化石，就會成為讓我們認識該生物生存時代的重要線索。

註：生物的屍體殘骸變成化石的重要關鍵，在於儘早被埋到沙土中。可是陸地上的屍體通常會由於暴露在氧氣和風雨之中而讓堅硬的骨頭也破碎消失。另一方面，湖底和海底的屍體，則會因為被順著水流搬運過來的沙土較早埋到地裡，所以成為化石的機率就很高。

有哪些種類的化石呢？

化石是依照原本的生物或是變質的方式而分類

聽到化石，大家的腦中立刻浮現的應該是恐龍或猛獁象等古代生物的全身骨骼吧！生物的腳印足跡、像石油那般由生物的屍體變化而成的燃料等，也被分類為化石的一種。化石會依照原本的生物（或是生物活動的痕跡）有了什麼樣的變質，而有各種不同的分類。

身體化石

所謂身體化石，是指骨頭、牙齒、殼等生物的身體部分直接殘留所變成的化石。碳化的植物也包含在裡面。由於這是有實體存在，在研究古代生物特徵時，是最適合的化石。

影像提供／冨田幸光

▲望齒龍的頭部化石。

印痕化石

原本生物的身體組織被地層裡所含有的成分變質、消失之後，只有形狀以空洞的方式留下來，就稱為印痕化石。代表性的印痕化石有貝類和樹葉等。其他像水母般身體不具堅硬部分的生物的化石，也找到相當多。

▼如水母般生物的化石。

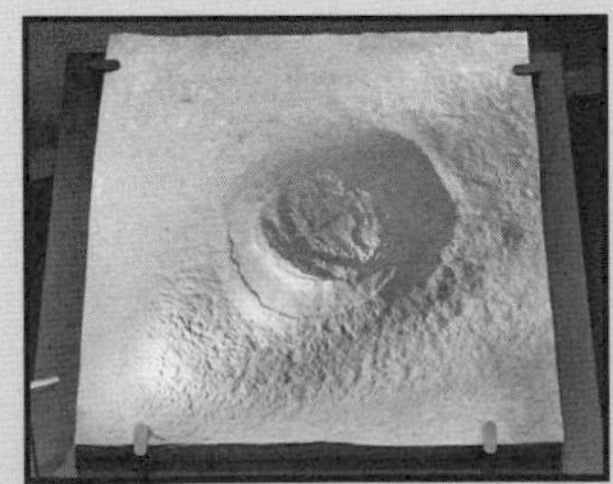

影像提供／日本國立科學博物館

生痕化石

腳印足跡或巢、糞等，顯示出古代生物存活時活動痕跡的化石，稱為生痕化石。生痕化石可以成為知道生物是否行群體生活，或是它們以什麼為食等生態資訊的重要線索。

影像提供／冨田幸光

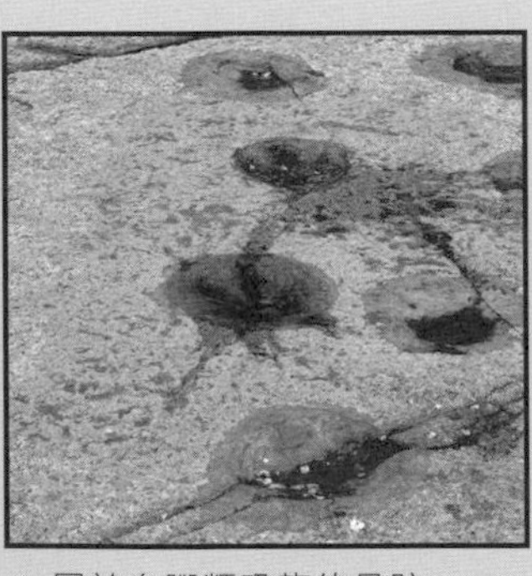

▲屬於鳥腳類恐龍的足跡。

化學（分子）化石

影像提供／日本國立科學博物館

▶有時候也能夠從岩石內的有機物來判定出生物的種類。

形成生物身體的有機化合物被包埋在堆積層的岩石中，稱為化學化石或分子化石。這是含有碳化氫或胺基酸等分子層級的化石，被期待能夠成為解開生命起源的關鍵。

置換化石

影像提供／日本國立科學博物館

▶在德國被發掘出來的陽燧足類的置換化石。

堆積層中的礦物成分在經過長久時間後，滲入埋在地底的生物骨頭、牙齒或殼等身體組織中，讓身體組織本身被置換成礦物的化石，就是置換化石。前面介紹過的身體化石絕大部分在廣義中也被算在這類置換化石裡。

化石燃料

© Iryna Rasko/Shutterstock.com

石油、石炭和天然氣等資源之所以會成為化石燃料，是因為這些燃料是由太古的動植物屍體因地底的壓力或地熱等因素而變化成可燃性高的物質所致。一般認為，要形成化石燃料需要花費數億年的時間。

琥珀化石

樹木滲出的樹液變硬，在地層中花上數百萬到數千萬年的時光形成的化石，稱為琥珀。它的特徵是美麗到可以被做成裝飾品，特別是當有昆蟲被封在樹液中一起琥珀化的物體。這一類的琥珀通常非常搶手，能夠以高價買賣。

▼在岩手縣發現的白堊紀後期巨大琥珀。

攝影／大橋賢 日本國立科學博物館收藏

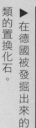

生物活動時期的資訊被完整保存的化石礦脈

所謂化石礦脈，指的並不是單一個的化石，而是生活在那個時代的生物群情報被完整保存下來的化石層。例如完整保存了寒武紀生物群的加拿大伯吉斯頁岩，或是找到更古老的前寒武紀動物群的澳洲伊底亞卡拉丘陵都很有名。

由於這個時代的生物並不具有殼和骨骼，原本應該很難化石化，但是由於大型的泥流等讓一整個地方在轉瞬間被埋沒在地下，所以珍貴的痕跡就被保存到現在。

▲遙遠寒武紀的貴重資訊被留在化石礦脈中。

插圖／佐藤諭

攝影／大橋賢 日本國立科學博物館收藏

▲奇蝦的化石。

在永凍土等特殊環境下發現的化石，有著極佳的保存狀態

影像提供／冨田幸光

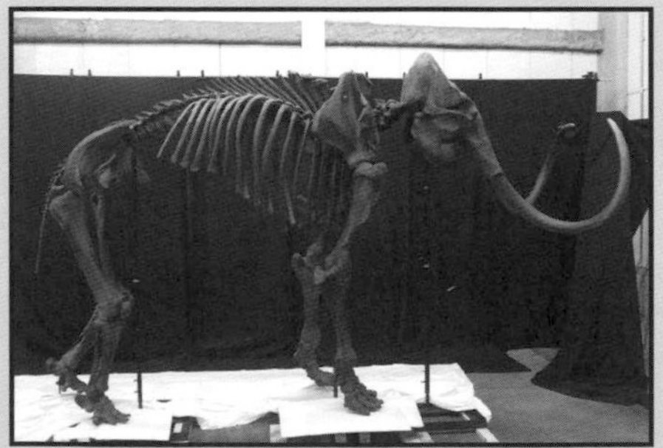

▲在西伯利亞發現的猛獁象化石。

化石並不是只會在地層中發現。在俄羅斯西伯利亞被稱為永凍土的凍結土壤中，發現了許多的猛獁象和洞獅等化石，有如木乃伊一般保存的狀態非常良好。

此外，在天然柏油中發現的化石，保存狀態也會非常好，例如在數萬年前的美國有著許多的柏油坑，不小心掉進這裡面而死亡的動物，由於被柏油包裹著，所以不容易腐敗。

▼在永凍土中，找到了被凍結的洞獅。

插圖／加藤貴夫

實物圖鑑

Q 在白堊紀有會吃恐龍的哺乳類。這是真的嗎？

在遙遠的南方國家……
有一種叫眼鏡猴的生物喔！
那種猴子長得跟大雄好像！
真的嗎？
哈哈哈哈！
被人家說得那麼難聽，也不生氣啊？
該不會是在忍耐吧！
說你像眼鏡猴？
你被人家說成那樣，為什麼不生氣？
我為什麼要生氣？
如果真的跟我長得很像，那猴子應該長得不賴吧!!
究竟那猴子長得多好看呢？我來查一下動物圖鑑好了。
咦？猴子那頁不見了。
借給朋友時被撕破了，真是個過分的傢伙。
那麼重要的書不可以借給別人啦！

A 真的。在中國發現了體長大約60公分的哺乳類化石，被認為是吃了鸚鵡龍這種植食恐龍的幼體。

用我的圖鑑查好了。
這是植物圖鑑！
這個是昆蟲圖鑑。
昆蟲
植物
※咚咚
動物圖鑑在哪裡？
找到了。
實物圖鑑
動物
「實物圖鑑」是什麼東西？
你看了再說。
眼鏡猴是在第263頁。
就是這個。
拍！
吱吱！

可以看到實物是這本圖鑑的特色。
原來如此，真的很像耶！
キキッ
キー
夠了，把書收起來啦！
吱吱！
快回來！
動物圖鑑
這樣就好了。
動物圖鑑
這本圖鑑不錯耶，借我吧！
不行啦！裡頭都是實物，如果不見就糟糕了。
鳥類
我會小心的，借我啦！
モク
モク
※冒煙
大雄的房間冒煙了。
是火災。

神祕化石時光布Q&A

Q 暴龍急速成長的時期是什麼時候？
① 5至10歲
② 10至15歲
③ 15至20歲

A ③15至20歲。在詳細檢查骨頭之後得知，在15歲時約為2公噸的暴龍，在20歲時會一口氣成長到5公噸左右。

那不是煙，是積雨雲啦！
不對啦！積雨雲只有夏天才會出現，打雷後會下雷陣雨……
ピカッ
ゴロゴロ
ザァ
※嘩啦　※轟隆轟隆　※閃電
我是用這本圖鑑叫出積雨雲的！
實物圖鑑
天氣
還有其他很多不同的喔！
這是「實物圖鑑」！

借我！
我也要！
魚類
我也要！
咦？被他們拿走了!?
你的朋友都是些會把跟別人借來的書撕破的傢伙！
我馬上去跟他們要回來！
我才借一下子有什麼關係！
不行！馬上還我。
果然是這樣！
食物
點心都被吃掉了。
巧克力
裝飾蛋糕
奶油
草莓蛋糕
鬆餅
你要買來還給我。

神祕化石時光布Q&A

Q 和猛獁象親緣最近的是哪一種象？①非洲象 ②印度象

A

②印度象。猛獁象大約在六百萬年前從和亞洲象的共通祖先分支出來。

蝴蝶的數量不足。
實物圖鑑
昆蟲
昆蟲
這很稀有耶，我還以為我終於擁有了…
※噗噗
那是「交通工具圖鑑」裡的車子吧？
我們再繞一圈就還給你。
※碰～
1915福特
救命啊！
快消失啊!!
實物圖鑑
妖怪
妖怪

Q
有動物和牠吃下去的獵物一起變成化石。這是真的嗎？

太好了，全都要回來了。
交通工具
還少一本！
是「古代生物」的圖鑑。
一定是小夫拿走的。
救命啊！
你竟然把長毛象叫出來了？

不可以碰牠！
如果他生氣，我也束手無策。
呼呼呼～
唱熱情的歌曲，讓牠平靜下來。
大象～大象～你的鼻子怎麼那麼長……
氣消了，牠很認真在聽耶！
好棒的大象，乖巧的大象。
我最喜歡大象囉！
悄悄接近
轉頭

A

真的。和獵物一起變成化石的例子不在少數，最近則發現了吃了昆蟲的蜥蜴，又再被蛇吃掉以後的化石。

※啪
啊，圖鑑！
※碰
快逃啊！
叫「故事圖鑑」裡厲害的人。
快點出來！
不行啊！

神祕化石時光布Q&A

Q 除了調查發掘出來的化石以外，並沒有其他能夠知道該塊地層的年代的方法。這是真的嗎？

A 假的。例如像鈾般的放射性物質會隨著時間流逝而逐漸變成鉛，所以只要調查礦物中的鈾和鉛的量就能知道年代。

※咚咚
ドスドス
哇啊ー
※咻～
※蓋住
ガバッ
總算收服了！
大雄，長毛象已經回到圖鑑裡了，你可以安心了。
我在這裡啦！
快放我出去！
大雄
長毛象

從化石中可以學到什麼？

就是這個。

可以知道太古生物的特徵及生物演化的方向

化石能夠告訴我們那種生物在活著的時候的特徵。此外，和前後時代的化石做比較，或是調查地層的成分，也能夠知道生命演化的方向及地球環境的變化。那麼，在這裡就以暴龍的化石為例，看看我們能夠從中學到什麼。

快放我出去！
大雄
長毛象

◀我們之所以能夠透過圖鑑來學習古代的生物，也都是因為有了化石。

學到的事

尾

有長長的尾巴，維持和大大頭部之間的平衡。此外，尾巴也被認為可能會被當做像鞭子般的武器使用。

恥骨

在後腳之間有大型的恥骨。一般認為大型的肉食恐龍是以此為支撐，可以像坐在椅子上般休息。

攝影／大橋賢 日本國立科學博物館收藏

特別事欄

初期的恐龍是自然界的弱者

恐龍的出現是在三疊紀後期，一般認為牠們是從爬蟲類分支誕生的。但是從發掘出來的化石，知道了初期的恐龍體長不到 1 公尺。換句話說，牠們是會被大型爬蟲類視為獵物的自然界弱者。

插圖／加藤貴夫

插圖／佐藤諭

從暴龍化石

頭

從頭部的骨骼可以知道腦部的形狀和大小。暴龍的腦部約為人類的四分之一大，不過嗅聞獵物氣味的能力似乎很優秀。

傷

有時候在化石上會有被其他動物攻擊所留下的傷痕。即使是無敵的暴龍，似乎也會被其他暴龍的牙齒或是三角龍的角給弄傷。也許，牠們每天都在戰鬥呢！

眼睛

朝向前方的眼睛，適合以立體視覺看東西。眼球的大小可能有壘球那麼大。

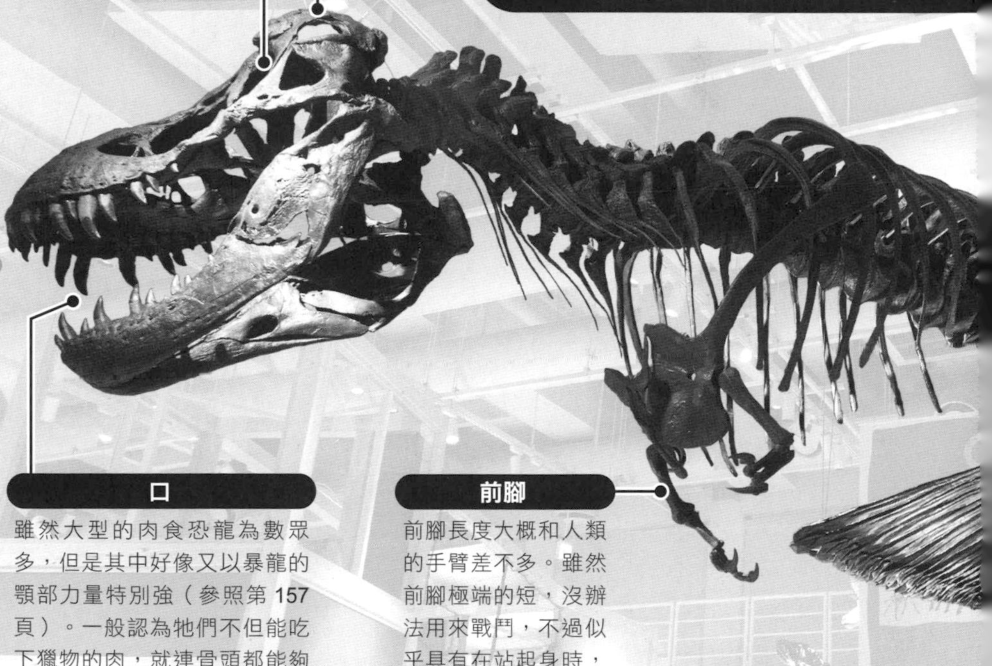

口

雖然大型的肉食恐龍為數眾多，但是其中好像又以暴龍的顎部力量特別強（參照第157頁）。一般認為牠們不但能吃下獵物的肉，就連骨頭都能夠咬碎。

前腳

前腳長度大概和人類的手臂差不多。雖然前腳極端的短，沒辦法用來戰鬥，不過似乎具有在站起身時，能夠支撐自己體重的力量。

◀銳利的牙齒像刀子般呈鋸齒狀。

影像提供／冨田幸光

後腳

有人認為牠們長而強壯的後腳讓牠們能跑出時速30～40公里的速度。那是人類再怎麼拚命跑也沒辦法躲過的速度。

舊有的恐龍樣貌因新的發掘而逐漸改變

恐龍和哺乳類一樣是內溫性，還是和爬蟲類一樣是外溫性？

隨著化石的樣本增加，有時就會有新的發現，或是有些定論被推翻。例如從爬蟲類分支出來的恐龍，在從前被認為是無法自己調節體溫的外溫性動物，但近年來卻找到許多具有羽毛的恐龍化石，而具有羽毛的鳥類是能夠自行調節體溫的內溫性動物。因此至少有一部分的恐龍是內溫性的這種說法，在最近逐漸變得有力。此外，最近也有人在提倡的說法是，由於大型恐龍的身體冷卻時間要比小型恐龍來得久，所以應該是在某種程度上能夠讓體溫保持一定的「慣性恆溫性動物」。

◀已經有具有羽毛的暴龍類被發現。

插圖／加藤貴夫

恐龍的叫聲是什麼樣子？

雖然還沒找到能夠說明恐龍叫聲的化石，但也有研究者從鳥類這種爬蟲類和恐龍的後代來推測牠們可能是像鴿子那樣閉著嘴巴震動喉部，發出「咕咕」的叫聲。

▶叫聲近似鴿子？若真如此，落差也太大了！

※咕～咕～

插圖／佐藤諭

已經連恐龍的壽命都知道了

恐龍在骨頭上有著能夠推測年齡的成長線。隨著年紀漸長，身體上的傷痕也會變多，所以只要分析化石，就能預測大致的壽命。一般認為小型恐龍是三至五年，大型恐龍的壽命約為三十年左右。

▶越大型的恐龍，壽命似乎就越長。

插圖／佐藤諭

影像提供／冨田幸光

▶恐龍巢內有尚未孵化的卵，是很珍貴的化石。

恐龍每次可以產幾顆卵？

近幾年來，恐龍一次可以產下很多顆卵的說法變得比較有力。主要是因為發現了和三十四個孩子一起死亡的鸚鵡龍（全長一至兩公尺的植食恐龍），原來牠們會大量產卵，再好好育幼呢。

暴龍也會集體狩獵

從前一直認為大型的肉食恐龍是單獨行動的，但是最近卻知道暴龍也會集體活動。只不過牠們好像並不是彼此互相有著信賴關係，而是為了要對付像三角龍般的強敵才會互相利用。

◀殺死獵物後，暴龍之間似乎為了搶肉而打起來。

插圖／加藤貴夫

真的有恐龍是以毒液殺死獵物嗎？

雖然在以前的恐龍電影中，曾經出現過會噴毒液的恐龍，但其實那都是虛構的。不過，現實中似乎真的有具毒性的恐龍。生存於白堊紀前期的中華鳥龍，上顎的長齒具有溝槽，目前被認為牠可以從那裡把毒液注入獵物的體內。

中華鳥龍的化石

影像提供／冨田幸光

特別專欄 已經有明確知道其體毛顏色的恐龍？

決定體毛顏色的是稱為黑色素的物質。1995 年，含有這種黑色素的恐龍──中華鳥龍的化石在中國被發現。用電子顯微鏡調查的結果，知道了這種恐龍好像具有紅色和黃色等暖色系的羽毛。

▲具有羽毛的恐龍──中華鳥龍。

插圖／加藤貴夫

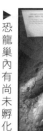

化石能告訴我們太古時代的地層與環境資訊

能夠了解古代生物生存地層年代的「標準化石」

化石教給我們的，不只是古代生物的特徵而已。假設從日本的某個地層，發現了存在時間相對比較短的生物化石，若是同一種化石也從美國的某個地層出土的話，就表示這兩個地層是屬於同一個年代。像這樣對兩個相距甚遠的地層進行比較，對於界定特定年代有所幫助的化石，稱為「標準化石」。

插圖／佐藤諭

▲標準化石對於探究地層年代是很有幫助的。

標準化石的例子

▲菊石
在中生代的海洋中廣泛繁盛的海洋生物。

影像提供／冨田幸光

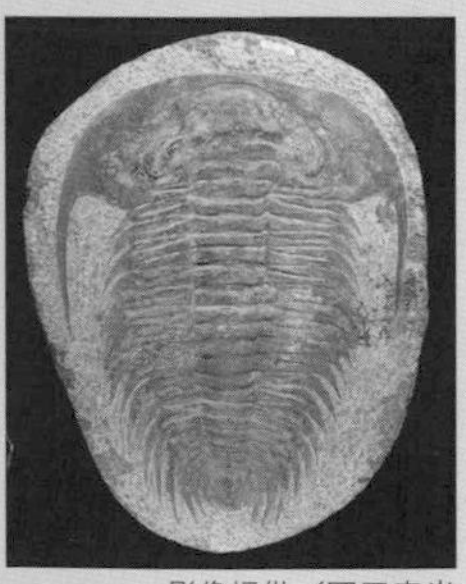

▲三葉蟲
古生代的海洋生物。隨著地質年代的不同，形態也一點一點的改變。

影像提供／冨田幸光

▲卷貝
只有在新生代古第三紀至新第三紀廣泛棲息的卷貝。

影像提供／日本國立科學博物館

▲瑙曼象
和猛獁象一樣活在新生代第四紀的象類。

影像提供／冨田幸光

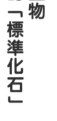

瞭解該種生物生存時代環境的「示相化石」

有一些化石能夠告訴我們古代生物生存時代的當時環境，例如蕨類的化石就能夠推測大概是在溫暖環境下繁殖的；倘若是猛獁象的化石，就知道是寒冷的環境。要是這類化石在廣泛範圍被發現的話，就能夠判斷那並不是地域差異的問題，而是地球整體很暖和，或是很寒冷。這樣的化石稱為「示相化石」。

只能在受限的環境中生存的生物，或是有許多特徵和現生的生物相似，容易做比較的古代生物化石比較容易成為示相化石。

© John A. Anderson/Shutterstock.com

▲ 珊瑚是在受限的環境之下棲息的生物代表。

插圖／佐藤諭

特別專欄

從花粉的化石能夠瞭解太古的氣候

花粉很容易變成化石（被稱為微化石的小型化石）。由於花粉中含有孢粉質（sporopollenin）這一種化學性很安定的物質，所以細胞壁非常強，也不會溶解在酸或鹼等藥品中。要是不暴露在氧氣中的話，就能夠維持幾萬年都不會被破壞而保留下來。只要調查這種花粉的微化石，就能夠清楚知道太古時代有哪些植物，在哪些地域繁殖。倘若出現海洋植物的微化石，便能知道那裡曾經是海洋；而從植物分布的遷移變化，也能夠知道氣候的變動。

示相化石的例子

▶ 珊瑚
珊瑚只能在溫暖乾淨的淺海中棲息。

攝影／日本國立科學博物館

◀ 蜆
蜆的化石通常會在過去曾經是淡水的地區被發掘出來。

影像提供／日本國立科學博物館

斷層掃描器

零用錢也差不多用完了。
藏寶圖終於可以派上用場！
什麼……藏寶圖!?
今年得到了很多壓歲錢，然後爸媽就很囉嗦的說……
小孩子身上有這麼多錢是很危險的，就先放在媽媽這邊！
最近不小心喝太多…可以先把錢借給我嗎？
我把錢埋在後山，也都做了記號，現在就去挖吧！
我也來幫你，挖到了分我一成喔。

ヒュウ
※咻～
唔…好冷喔!!
為了零用錢，只能拚命囉！
我記得是在這附近啊……
奇怪？
怪了！
怎麼會這樣？
記號都不見，已經找不到了啦！
這是記號!?
野狗
寶物
垃圾
飲料空罐
學校
我把錢埋在那三個記號的中央。
受不了！
我真是～受不了你!!
全部的財產都不見了啦，我活著也沒有意義。

神祕化石時光布Q&A

Q 從殘留在湖底或海底地層中的植物花粉能夠了解從前的環境。這是真的嗎？

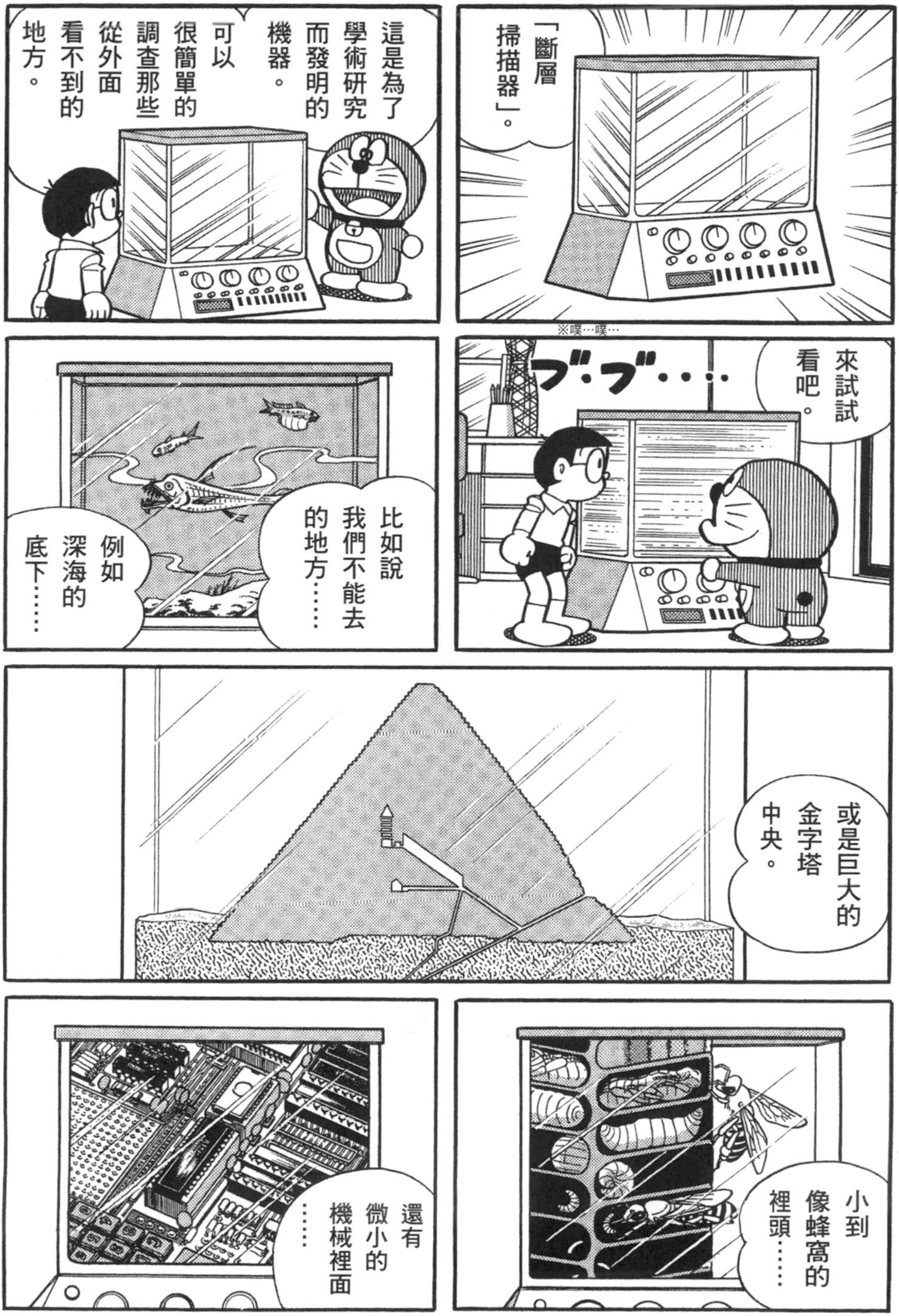
「斷層掃描器」。
這是為了學術研究而發明的機器。
可以很簡單的調查那些從外面看不到的地方。
※噗…噗…
ブ・ブ・・・・
來試試看吧。
比如說我們不能去的地方……
例如深海的底下……
或是巨大的金字塔中央。
小到像蜂窩的裡頭……
還有微小的機械裡面……

A 真的。花粉被堅固的細胞壁保護著，在海底等低氧環境中以微化石的狀態可以留存幾萬年。從它們的種類可以了解氣候等狀況。

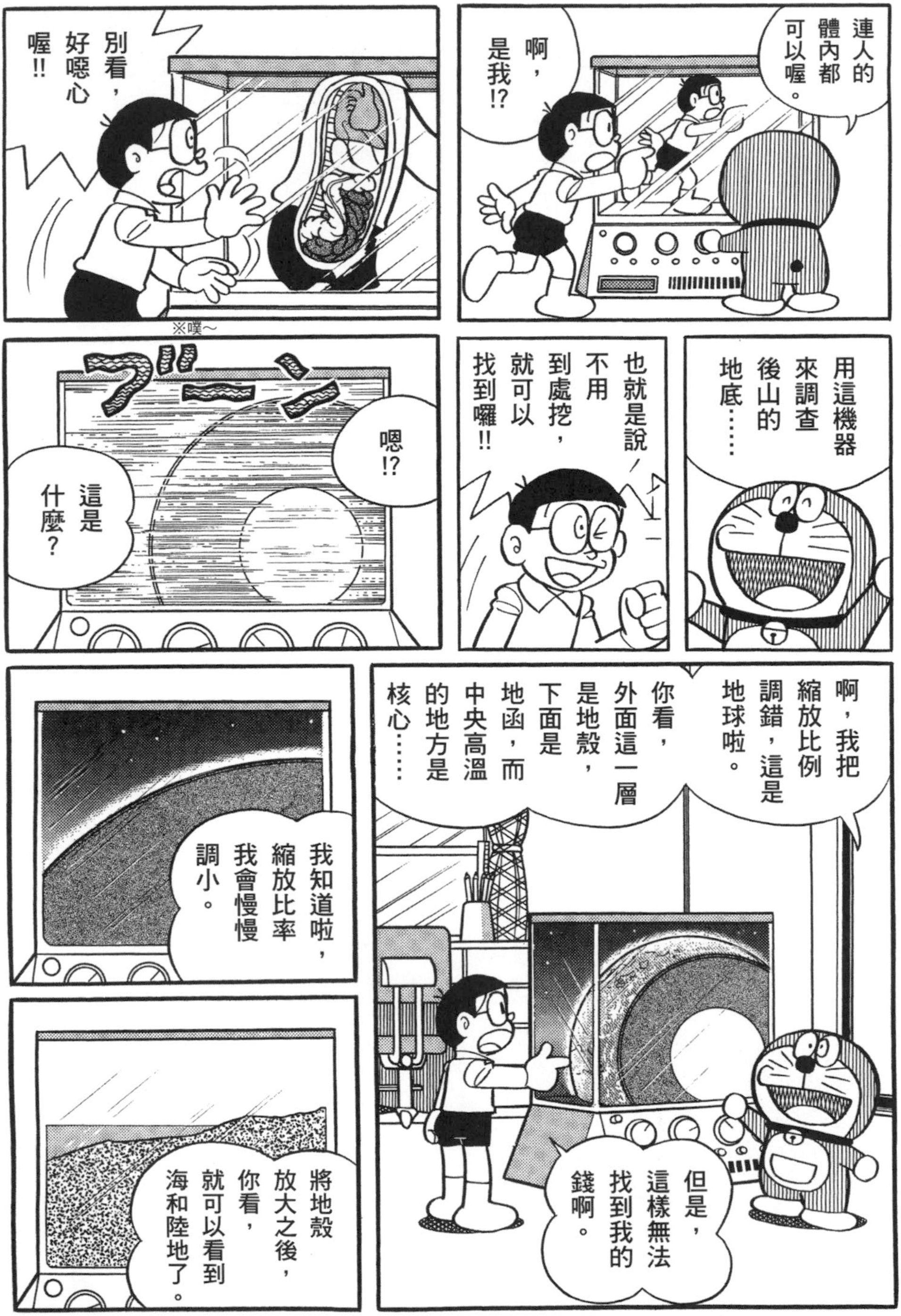
連人的體內都可以喔。
啊，是我!?
別看，好噁心喔!!
用這機器來調查後山的地底……
也就是說，不用到處挖，就可以找到囉!!
嗯!?
這是什麼?
※噗～
啊，我把縮放比例調錯，這是地球啦。
你看，外面這一層是地殼，下面是地函，而中央高溫的地方是核心……
但是，這樣無法找到我的錢啊。
我知道啦，縮放比率我會慢慢調小。
將地殼放大之後，你看，就可以看到海和陸地了。

神祕化石時光布Q&A

Q 在美國洛杉磯郊外，有一個陸續發現新生代各種動物化石的池子。這是真的嗎？

A 真的。拉布雷亞瀝青坑是一個充滿天然柏油的池子，動物一旦掉進這個池子很容易變成化石殘留下來。

是後山！
稍微調大一些吧！
慢慢的移動，地下看得一清二楚…
停!!
那邊好像有什麼東西!!
是我的存錢筒!!
插上做記號用的旗子…
不能直接拿嗎？
去挖挖看。
哇～找到囉、找到囉。
噢～我的存錢筒！
我還以為再也見不到你了。

你是我的救命恩人。
太好了。
那個道具呢？
收起來了啊，你要做什麼？
那個東西這麼好玩，我想再用一下。
那是學術研究的道具，你竟然說要拿來玩？
我是想要做學術研究啊。
是真的嗎？
這是調緯度的按鈕，那個是調經度的按鈕。
標高的按鈕是這個……
你要看什麼？
這個嘛…我要研究螞蟻的巢穴。
這不是靜香家嗎？
她家的院子裡有個很大的螞蟻窩！
你看，找到了！

神祕化石時光布Q&A

Q 白堊紀末期大滅絕的原因被認為是隕石撞擊，因為從地層中找到什麼？①鐵 ②銥 ③鈾

A

②鉨。從世界各地的白堊紀與古第三紀的界線地層中，找到了富含於隕石中的「鉨」這種元素。

其實，我對這個很有興趣呢，真好玩。
要好好的認真學習喔。
來看看上面是什麼好了。
※鏘
原來浴室的構造是這樣啊……
你在看什麼!?
グルグルグル
沒有啊，我沒在看什麼東西啊。
那是什麼!?

※轉轉轉

雪裡……
好像有人被埋在裡面!!
插上旗子，
去救人吧!!
雷達所顯示的位置，
好像就在大槍峰的半山腰。
在那裡!!
趕上了!!

Q 日本能夠發現許多海洋生物化石，是因為日本面海，化石會被海浪搬運過來。這是真的嗎？

A 假的。日本列島不論是在形成前或形成後，有很多地方都曾經是海底。

送到醫院之後，就放心了。
吃點心囉。
我還有事，你先去吧！
？
晚了一步…好像已經洗完了。
啊！不是的！這個是那個……

地層是怎麼形成的？

應該有不少人曾經在溪谷或海岸等切割出來的崖邊，看過崖壁像年輪蛋糕切口一般的條紋狀圖樣吧！那就是「地層」。

當一座山暴露在風雨中被削掘，變成石頭或砂礫流入河川中，或被風吹飛，接著沉積於低窪土地或湖底和海底。有時候也會有火山爆發產生的火山灰等噴出物掉落。這樣的石頭、砂、泥或火山灰等累積重疊而成的，就稱為沉積物。它們在經過長久的歲月變硬形成沉積岩，地層就是這樣由沉積物或沉積岩所形成。

接近地表的岩石，分成由岩漿在地表或地下淺層冷卻變硬形成的火成岩、在地下深處受到高溫高壓的影響而形成的變質岩，以及沉積岩三種。在覆蓋地球表層的地殼中，雖然沉積岩占的比例不到一成，但是由於沉積是在地球表面的廣泛範圍內發生，所以地球地表大約有四分之三是被沉積物或沉積岩所覆蓋。然而，包含於沉積物中的並不是只有石頭和砂而已，生物的屍體殘骸或生活的痕跡也會一起被埋在裡面。前面已經提到那些會變成化石，重要的是，它們是埋在地層之中。

沉積物是依順序由下往上堆積。由於下方的地層，是由比上方地層還要古老的沉積物所形成，所以越往上方，年代就越新。換句話說，地層的層疊堆積，正是記錄著時間的經過。

影像提供／冨田幸光

▲ 地層調查的情況。這是曾經在海底的砂岩或泥岩地層。

影像提供／冨田幸光

▲化石發掘調查的現場狀況。化石是從哪個地層發現的，是珍貴的資訊。

以化石種類區分地層與年代

地層之所以被稱為是「解開地球歷史之謎的時空膠囊」，是因為不只是時間的經過而已，還能夠透過調查包含在化石地層裡的資訊，了解那個時代的生物和氣候狀態，甚至當時該處是陸地或是海洋等等各種資訊。

雖說如此，在使用漫畫裡出現的「斷層掃描器」窺探地底時，也不會馬上就明瞭地球的歷史。因為地層並不總是好好依照時代的順序做記錄，地球的表層會因地球內部發生大型力量的作用而一點一點的移動（地殼變動）。發生地震造成地面裂開、地面隆起形成山，或是相反的讓陸地變成海洋等，各種狀況都有可能發生。大家應該也有看過不是水平而是有點傾斜或偏斜的地層吧！此外，有時也會因為大規模的洪水或走山，而讓地層本身被削掉或亂掉。為了要解開地球歷史的謎團，而把這樣像是被弄亂的拼圖般的世界各地地層，一塊塊拼湊在一起之後，產生了「中生代」、「白堊紀」等地質年代的區分的結果。這樣的年代區分，最早就是以包含在各地地層中的化石種類，來區分年代而開始的。

特別專欄

一起去地質公園吧！

所謂地質公園，是讓人們認識地球形成以及構造的「大地公園」。基於聯合國教科文組織的呼籲，這裏保護了貴重的地層、斷層、地形和岩石等，並活用在孩童的教育以及各地區的觀光和復甦上。

在現今，日本地質公園委員會認定的日本國內地質公園有發現了許多恐龍化石的恐龍溪谷福井勝山，以及以日本的地質學發祥地而為人所知，以秩父為首的 43 個地域。其中的洞爺湖有珠山、系魚川、山陰海岸、室戶、阿蘇等 8 個地域被認定為世界地質公園。其他還有超過 10 個以上的地域正在爭取要被認定成日本國內地質公園。

年代的名字是怎麼訂出來的？

在前一頁介紹過，我們現在使用的地質年代區分，是根源於從地層裡找到的化石。換句話說，古生代是找到三葉蟲等古老生物的地層年代；中生代是菊石及恐龍等略為古老的生物化石出土的地層年代，新生代是像哺乳類般較新生物化石出土的地層年代。這樣的分法，也被稱為化石帶區分。

◀從石炭紀的地層中找到的蕨類植物化石。左邊是樹幹的橫切面、右邊是樹幹的表面。

影像提供／日本國立科學博物館

至於像是「○○紀」這一類比「○○代」還要細項的名字，又是怎麼訂定出來的呢？古生代最初的地質年代「寒武紀（Cambrian）」，是在具有這個年代地層的英國威爾斯鄉間進行調查，而該地的舊地名為康布連（Cambrian），於是以此命名；中文名稱「寒武紀」則是源自於日語對 Cambrian 的音讀漢字音譯。奧陶紀（Ordovician）是源自從前居住在威爾斯的奧陶維斯族（Ordovices）。志留紀（Silurian）是根據從前住在威爾斯一帶的志留人（Silures）而命名。泥盆紀（Devonian）是因為這年代的地層廣泛分布於英國德文郡（Devon），中文名稱同樣源自於日語對 Devon 的音讀漢字音譯；石炭紀則是因為在英國能夠由這個年代的地層，採取石炭而命名。二疊紀（Permian）是因為這個年代地層分布的地域，曾經有過彼爾姆王國（Permian）而命名，中文名稱源自於日本，因為在德國此地層分為兩層。

中生代的三疊紀是由於在德國的這個地層是由砂岩、石灰岩等三層所構成。侏羅紀（Jurassic）是源自於該地層分布的法國與瑞士國界的侏羅山（Jura）脈。白堊紀（Cretaceous）則是因為這個時代的地層，是白石灰質的堆積物而得名。

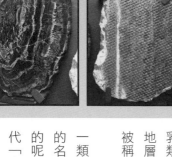

讓人在意的是新生代的第三紀（現在又一分為二，稱為古第三紀、新第三紀）及第四紀。為什麼沒有第一紀和第二紀呢？其實在十九世紀左右的年代區分，是把完全沒有找到生物化石的地質年代稱為第一紀，找到現在已經看不見的生物化石的年代稱為第二紀。但是由於後來又再被詳細分類，於是就不再使用。其結果就是，只剩下有發現與現今生物相似的化石出土的地層年代稱為第三紀，人類登場是在第四紀。

什麼樣的地方能夠找到良好品質的化石？

具有可能掩埋著化石的沉積岩地層，雖然廣泛覆蓋在地球表面上，但是由於生物的身體很容易因為化學變化等因素消失，所以並不是很容易就能夠找到化石。很多時候只找得到骨頭、牙齒等堅硬組織。

不過，也是有能夠找到保存狀態好得驚人的化石場所，連皮膚或羽毛等生物的柔軟組織或細微部分也殘留了下來。其中最佳的例子是在加拿大洛磯山脈發現的伯吉斯頁岩（頁岩是裂成薄層狀的沉積岩），在那裡，一般很難變成化石的寒武紀軟體生物幾乎是以完整形狀被保存下來。一般認為那是因為當時在陸急斜面的海底發生走山，一邊把位於海底附近的生物捲進去，一邊把牠們搬運到無氧狀態的深海堆積，於是就在沒有被分解的狀態下保存了下來。在德國的梅塞爾發現許多品質良好的古第三紀始新世小型哺乳類、鳥類和昆蟲等各種各樣的動植物化石。當時這個地域似乎是被亞熱帶林所包圍的湖泊，不知為何，湖底堆積了大量的有機物，形成無氧狀態，於是生物的屍體殘骸就在沒有被分解的狀態下保存下來了。日本直到新第三紀初期為止都還是屬於歐亞大陸的一部分，由於曾經是海底的時期很長，所以發現了許多海洋生物的化石，也有找到恐龍和哺乳類的化石。

影像提供／日本國立科學博物館

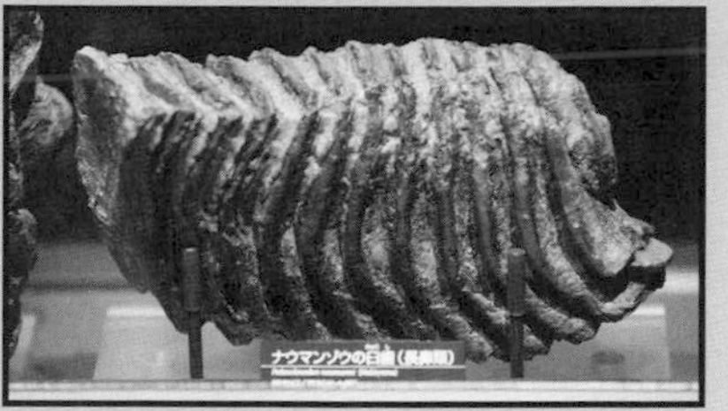

▲在日本發現的瑙曼象下顎第三大臼齒的化石。

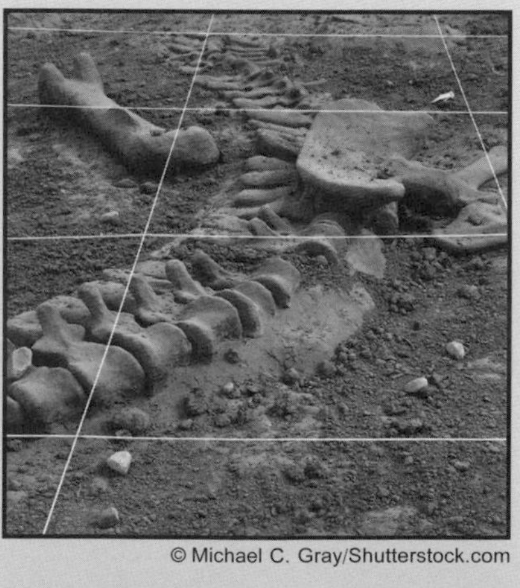

© Michael C. Gray/Shutterstock.com

將地殼放大之後，
你看，
就可以看到
海和陸地了。

在地球上持續移動的大陸

地球表面被厚度約達一百公里、稱為「板塊」（地殼及上部地函）的岩盤覆蓋著。整個地球的板塊分成好幾塊，在被稱為中央海嶺的地區，高溫的地函上升並活躍的噴發，產生新的板塊；在板塊彼此撞擊的地區，一邊的板塊會沉到地函裡去。板塊就這樣各自一邊彼此推擠撞擊，一邊緩慢移動。雖然移動的速度每年僅僅只有幾公分而已，但是在經過幾千萬年的長久歲月之後，也已經移動了幾百公里。

由於陸地也會隨著板塊移動，於是就會反覆的撞擊與分裂。有時後也會像新元古代的羅迪尼亞超大陸（Rodinia supercontinent）或二疊紀的盤古大陸一般，地球上所有大陸集中形成一個超大陸。像這樣的陸地變動，對生物的演化和滅絕有很大的影響。

移動的大陸

志留紀
▲零零散散的陸地一點一點的集中到南半球，形成岡瓦納大陸。陸地上開始有植物出現。

二疊紀
▲幾乎所有的陸地都集中在一起，出現了超大陸「盤古大陸」。陸地上出現了各式各樣的動植物。

侏羅紀
▲超大陸盤古大陸往南北分裂變得細碎，現今也仍存在的大陸開始陸續出現。

古第三紀
▲非洲及位於其東邊的印度，後來撞上歐亞大陸。南、北美洲大陸也在漸漸靠近後相連。

插圖／加藤貴夫

▲ 從標準化石等得知的年代是相對年代，在數值上並沒辦法知道正確的年代。

地層的年代是怎麼調查的？

以在地層中發現的特色化石來區隔年代的地質年代區分法，雖然在和其他年代的地層做比較時可以知道何者古老，卻沒辦法知道各個年代的長度或形成地層的正確年代。像這樣經由比較而推測出的年代稱為「相對年代」。除了標準化石以外，也有其他能夠得知地層相對年代的線索，那就是在地層中被記錄在含有磁氣礦物中的古地磁氣。由於我們已經知道地磁氣到目前為止已經逆轉過好幾次，所以能夠進行比較。

但是，只有這樣還是無法正確的理解地球的歷史。究竟該如何才能正確的以數值表示年代呢？為了這樣的目的而思考出來的方法，是使用放射性元素的年代測定。像鈾這類放射性元素是一邊釋出放射線，一邊慢慢的變化成別的元素；例如鈾238（在鈾之中質量數不同的同位素之一）大約在經過四十五億年後會讓一半變成鉛，再經過四十五億年讓剩下一半中的一半（原本的四分之一）變成鉛。只要利用這個規則，正確測定包含在礦物中的鈾和鉛的量，就能夠知道該礦物自形成以來，已經經過了多少年（鈾鉛年代測定法）。像這樣利用放射性元素測定出來的年代，稱為「放射年代」。

特別專欄

受注目的「千葉時代」

日本的研究團隊在位於千葉縣市原市養老川的河岸，記錄到最後的地磁氣逆轉的地層界線處，分析了以鈾鉛年代測定的結果之後，知道了那大概是發生在77萬年前。

這不只是決定了地質時代的第四紀更新世的前期與中期的界線而已，若是被國際地質科學聯盟認定為重要地質界線，並把這裡選為世界唯一的國際標準模式地的話，更新世中就有可能會有一個時期會被稱為「Chibanian（千葉時代）」。由於這有可能是首次有日本的地名被採用為地質時代名，所以備受重視。

行星

雖然不曉得已經唸過他幾次了……
結果還是在睡午覺。
大白天的，你不要只會睡午覺好不好？
因為我很睏嘛。
為什麼還不快點到晚上呢？

幸福快樂的

白天實在太長了啦！
因為地球慢慢自轉啊。
到外面玩玩嘛～
※滑
ゴロゴロゴロ
※碰咚
※叩囉
你也實在是太不小心了。
都是地球的引力害的啦！

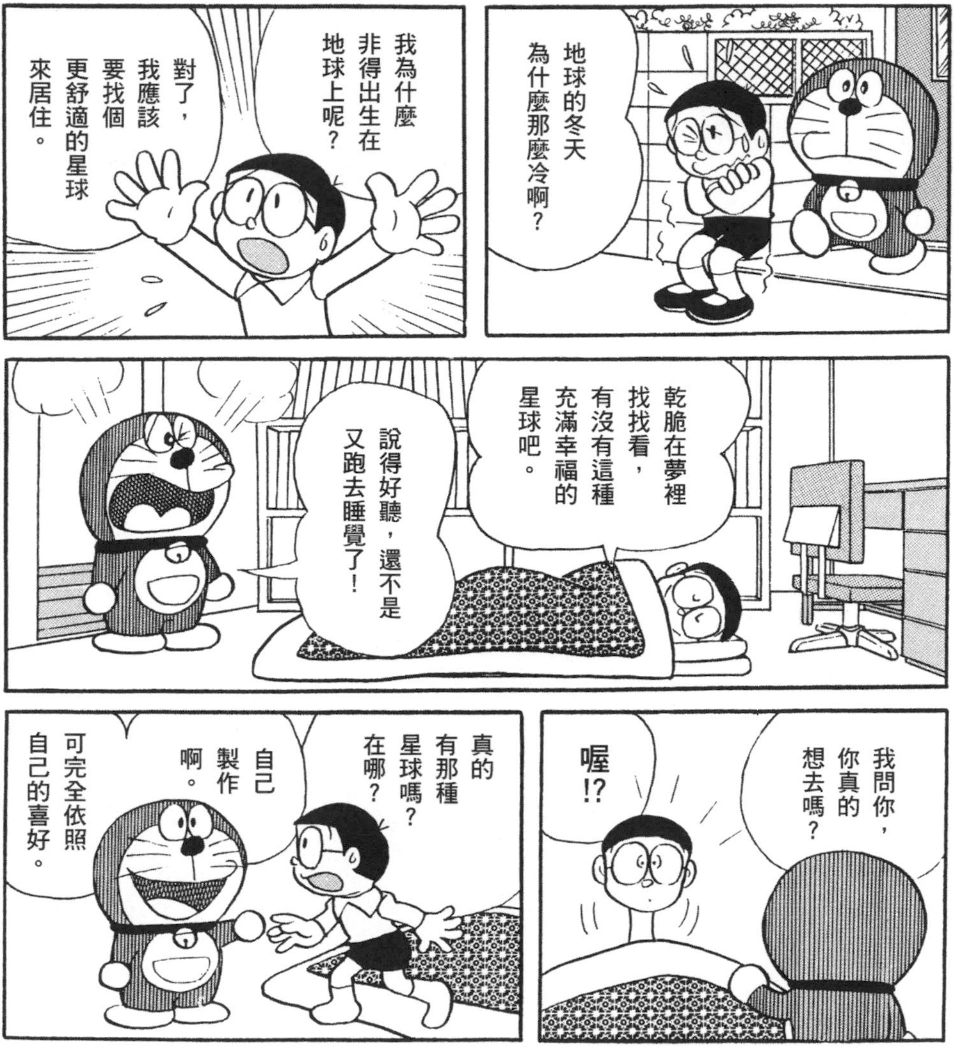

神祕化石時光布Q&A

Q 生活於前寒武紀時代的生物群已經全部都滅絕了。這是真的嗎？

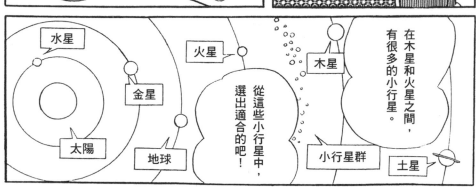

A 假的。藍綠菌現在還存活著。

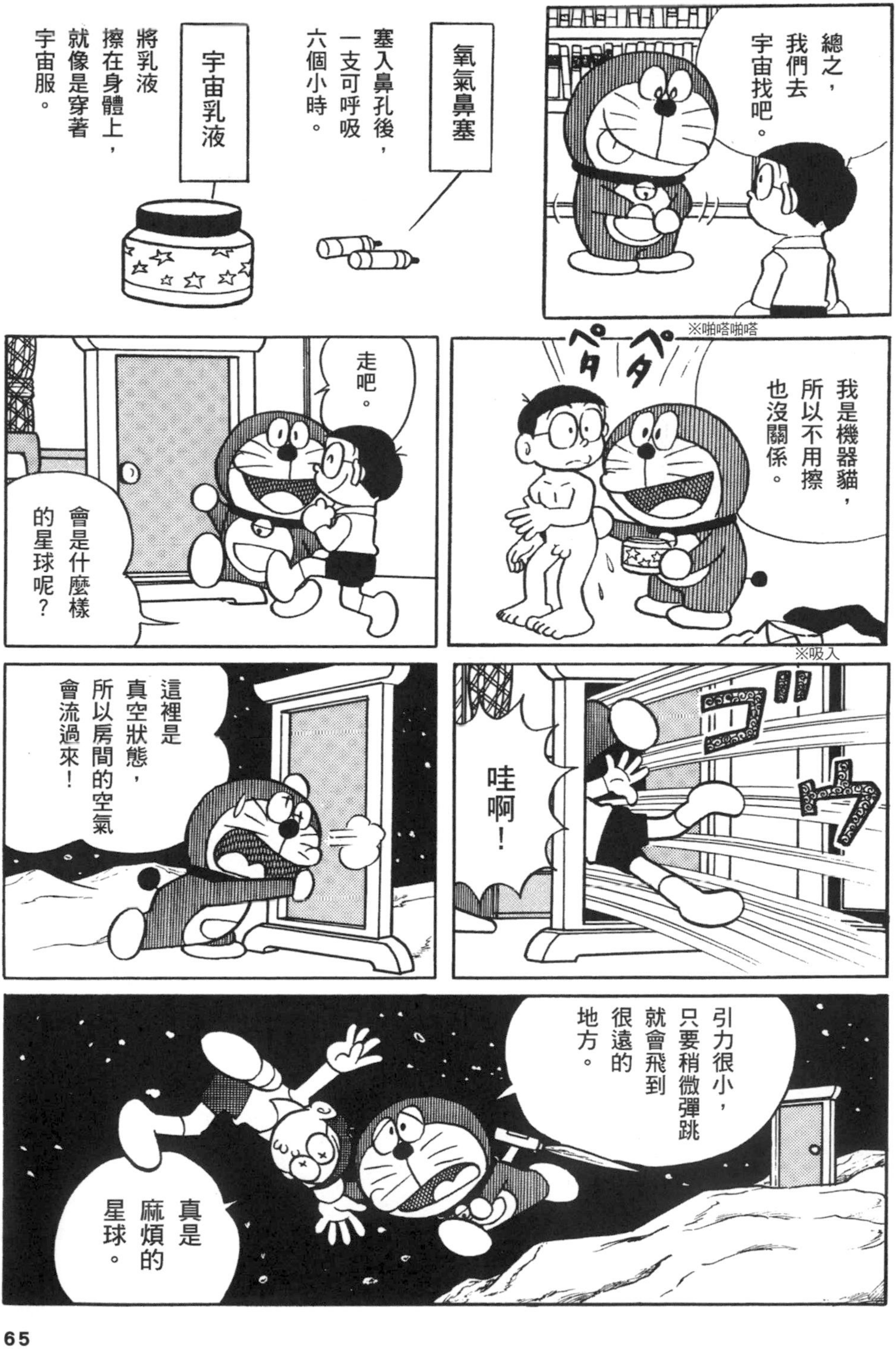

總之，我們去宇宙找吧。
氧氣鼻塞
塞入鼻孔後，一支可呼吸六個小時。
宇宙乳液
將乳液擦在身體上，就像是穿著宇宙服。
ペタ ペタ
※啪嗒啪嗒
我是機器貓，所以不用擦也沒關係。
走吧。
會是什麼樣的星球呢？
※吸入
哇啊！
這裡是真空狀態，所以房間的空氣會流過來！
引力很小，只要稍微彈跳就會飛到很遠的地方。
真是麻煩的星球。

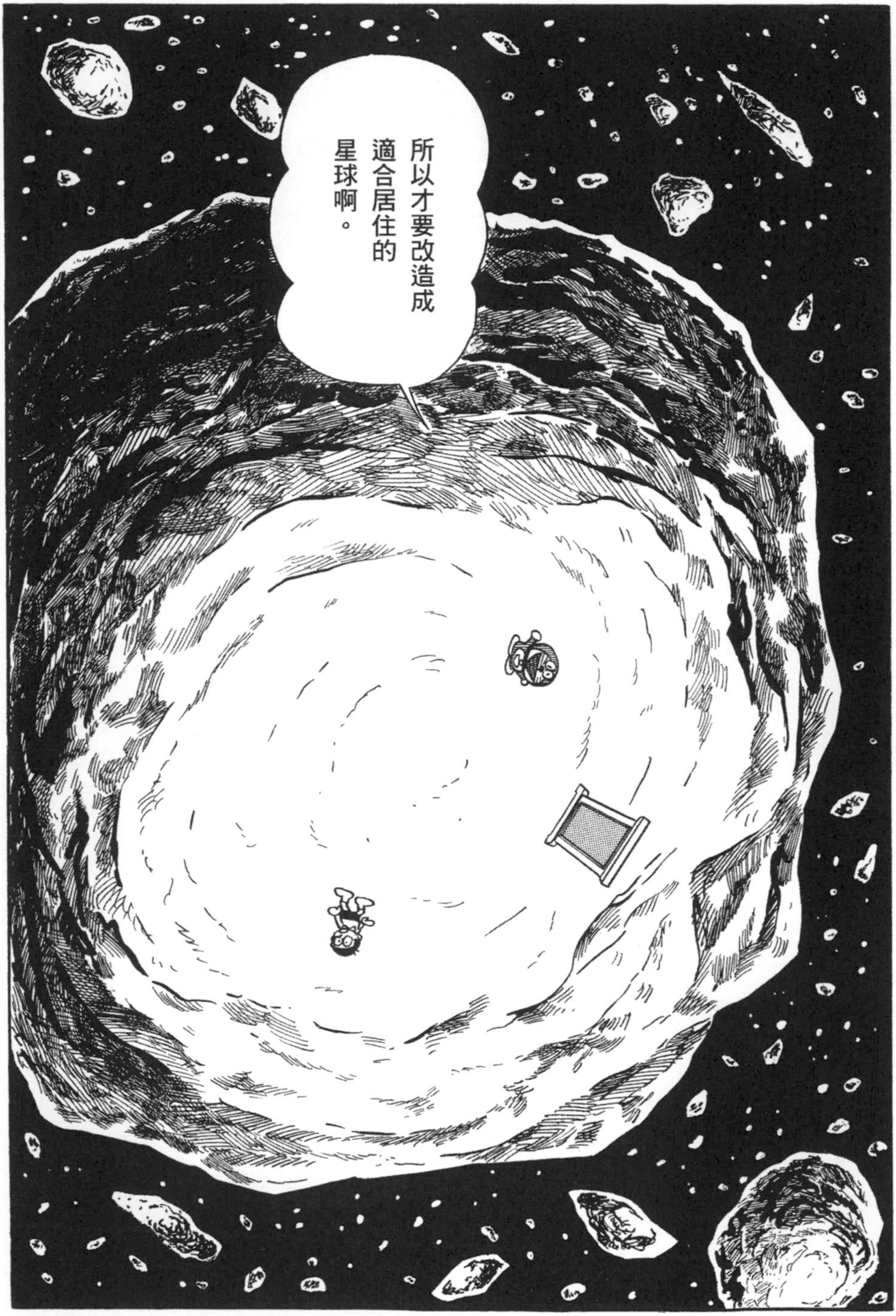
所以才要改造成適合居住的星球啊。

Q 所有的生物都需要氧氣。這是真的嗎？

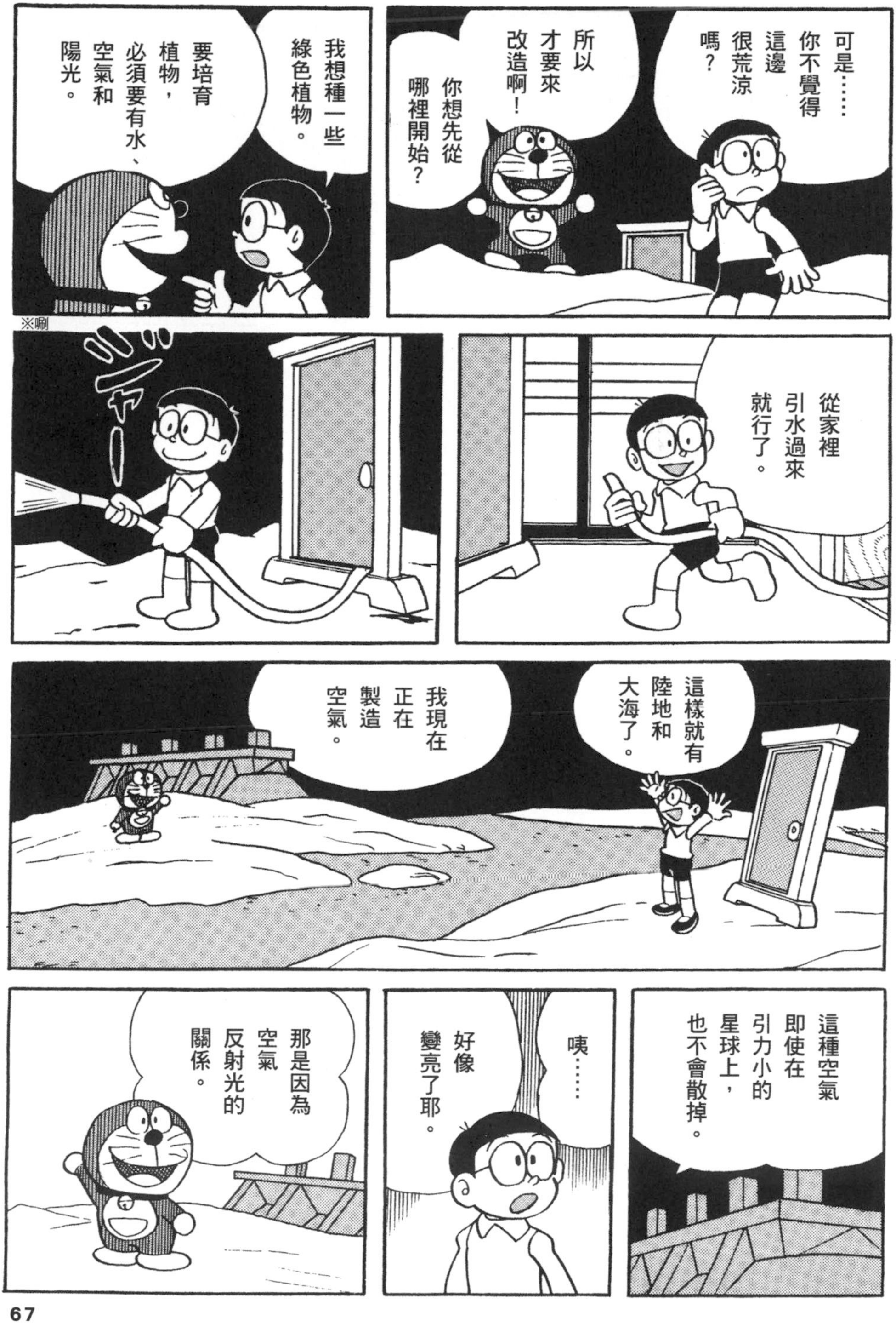
可是……你不覺得這邊很荒涼嗎？
所以才要來改造啊！
你想先從哪裡開始？
我想種一些綠色植物。
要培育植物，必須要有水、空氣和陽光。
從家裡引水過來就行了。
ジャー
※唰
這樣就有陸地和大海了。
我現在正在製造空氣。
這種空氣即使在引力小的星球上，也不會散掉。
咦……
好像變亮了耶。
那是因為空氣反射光的關係。

A 假的。也有不需要氧氣就能存活的「厭氣性」生物。

開始來撒種子吧！
因為引力很小，
一下子就能跳過大海了。
從這邊開始變成夜晚了。
已經繞過一圈了。
咦……哆啦A夢呢？
※轟轟轟
ゴゴ
ゴゴ
!?

Q 地球上的海洋與大氣，何者率先轉變為含有大量氧氣？

A 海洋。氧氣由海中的藍綠菌製造出來，再逐漸供給大量的氧氣給大氣。

※轟隆
啊，是火山！
我在星球裡點了火。
這麼說來，好像慢慢變暖和了呢。
海面的水蒸氣上升後……
形成雲朵了。
※嘩啦
是雨雲！

啊！
即使摔倒也不會痛。
因為引力小吧！
對常常摔倒的我，這裡實在是適合我居住的星球啊。
落下的雨沿著地勢下流……
小河流匯集成了河川……
接著流向大海。
和地球一樣。
四處開始冒出了綠色的新芽……
長出了很多的樹木和花草！
這些樹木好小喔。
因為這是拍攝特攝片時出現的迷你模型所使用的樹木啊。

神祕化石時光布Q&A

Q

27億年前海洋中氧氣增加，和鐵離子結合形成什麼顏色的氧化鐵？①紅色 ②藍色 ③綠色

A

①紅色。變成紅色的氧化鐵，在經過了27億年的現在，以鐵礦石的方式被人類利用。

好美的星球啊！
既然如此，我也想做些動物。
我剛剛在海水裡，倒入「動物元素濃縮液」。
你可以用「顯微望遠鏡」來看看！
啊，已經出現生物了。

連魚都有了！
因為是速成的關係，所以進化得也很快。
咦……那麼快就天黑了。
這顆星球每兩小時自轉一次，所以夜晚也來得快。
先回去吃晚餐，然後睡覺吧。
明天這裡會變成什麼樣子呢？真令人期待！
天還那麼亮！
才四點而已。
天氣這麼好，應該去外面玩啊！
地球還真是顆無聊的行星耶！
我回來了。
快來看看後續發展得如何了
哆啦A夢不在家，沒關係，
我自己去看吧！

Q 現在地球上的生物全部都是具有細胞核的真核生物。這是真的嗎？

A 假的。像乳酸菌和大腸菌都是DNA沒有被細胞核膜包住的原核生物。

哇啊！已經有都市了。
街上的人都走得好快喔。
可能是這裡的時間過得很快吧。
那個小孩好像我喔！
為什麼還不快點晚上呢？
鼾～

生命是從大海中誕生！

從地球形成到生命誕生

地球大約是在四十六億年前形成，當時地球周邊有許多微行星（直徑十公里左右的小天體），由於它們不斷撞擊地球，讓地球呈現高溫狀態，所當時的地球表面幾乎都是岩漿。

之後，地表的溫度雖然下降了，但是接下來居然連續下了一千年的雨。因為如此，海洋形成了，並且從那裡誕生了生命。在漫畫的第六十七頁，也是先製造了海洋吧！因為海洋是生命的源頭。

一般認為最初生命的誕生，大約是發生在三十八億年前。最有可能的誕生地是位於海底的深海熱泉噴口。在那裡會噴出被加熱到攝氏兩百至三百五十度的水，當中富含甲醇、硫化氫，以及鐵、錳、錫等金屬離子。現在也仍舊有許多的生物生活在熱泉噴口的周邊。

那麼，目前找到最古老的化石是什麼時期的呢？在澳洲西部發現了三十五億年前的化石，並於一九九三年發表成論文。此外，雖然不是化石，不過在格陵蘭三十八億年前的地層中發現了生命的痕跡。今後在研究上如果能獲得更多的進展，也許就能夠發現更多古老生物的證據。

話說回來，雖然生命體需要蛋白質等有機物，但是它們究竟是從哪裡來的呢？關於這個問題有各式各樣的說法，其中之一是宇宙射線等照射到宇宙塵，形成了有機物落到地球上的「宇宙起源說」。

雖然並不是生命體的本身，不過製作身體所需物質的一部分，也許就是來自宇宙的哦。

▼大海是生命的來源。

氧氣在生命誕生之後生成？

「為了生存需要氧氣，所以在生物誕生之前，地球上就已經有了氧氣才對……」也許有些人是這樣想的。但是實際上卻有許多生物並不需要氧氣，它們稱為「厭氧性」生物。而且在生命剛開始誕生初期，棲息在地球上的全都是厭氧性生物。

氧氣大概是在二十四億年前生成的。能夠以光合作用製造氧氣的藍綠菌大量增殖，結果讓海裡面及大氣中都被供給了豐富的氧氣。藍綠菌會抓住海中的泥，並且層層堆疊製造出疊層石，這也是藍綠菌很大的一項特徵。只要去澳洲的鯊魚灣，就能夠看到現在也仍然持續存活著的藍綠菌。

在藍綠菌大量增殖之後，被釋放到水中的氧氣和鐵離子結合變成紅色的氧化鐵，也就是被稱為「鐵礦石」的物質。現今，我們就是從這些鐵礦石中把鐵取出來利用的。

另一方面，被釋放到大氣中的氧氣形成了臭氧層。臭氧分子是由三個氧原子結合而成，多虧了它，讓來自太空的有害紫外線不會抵達地表，才讓生物得以繼續演化。

再加上因為產生了氧氣，而有了「多細胞生物」的誕生。由於細胞和細胞的結合需要膠原蛋白，而製造膠原蛋白必須用到大量的氧氣。

氧氣對生物的演化，真是深具影響力呢！

© Rob Bayer/Shutterstock.com

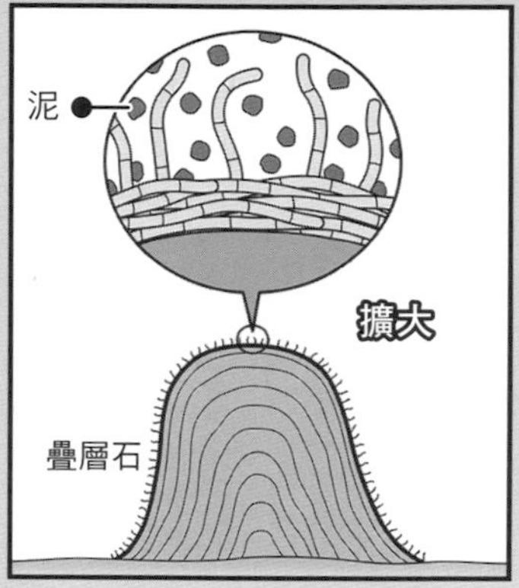

▲可以在澳洲鯊魚灣看到的疊層石（上）及其橫切面圖（下）。泥與自己的屍體殘骸層層堆疊，逐漸變大。

插圖／加藤貴夫

▼最古老的多細胞生物「捲曲藻（Grypania）」的化石，發現於美國。

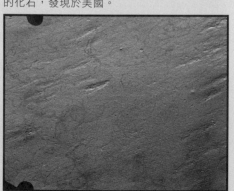

影像提供／日本國立科學博物館

啊，已經出現生物了。

讓生物變大、種類變多的契機是什麼？

發現於澳洲的各種化石

所謂前寒武紀是指一段大約四十億年的漫長期間，其中最後的九千萬年又特別被稱為「伊迪卡亞紀」。因為在這個時期，生物有了爆炸性的增加，而這期間的化石是率先在澳洲的伊迪卡亞山丘被發現而以此命名。只不過其後在非洲及俄羅斯、美國、加拿大等也都發現了同樣的化石。

該時期所發現的化石種數在兩百七十種以上。雖然那個時期的生物都還是要用顯微鏡才看得見的尺寸，但是在伊迪卡亞紀卻有從數公分到數十公分、甚至超過一公尺以上的生物誕生。

那麼，為什麼會發生這樣的事情呢？其實，在即將進入伊迪卡亞紀前的地球是被稱為「雪球地球（snow ball earth）」一般的處於凍結狀態。在那之後，由於地球內部的火山活動或是二氧化碳濃度的上升等因素而變暖，藍綠菌於是大量增生。因為如此，正如上一頁所說的，氧氣生成、多細胞生物增加，也開始有體型大的生物出現。

至於這個時代生物的其他特徵是沒有眼睛。此外，從化石中也已清楚得知，在伊迪卡亞紀後期曾經出現過具有堅硬外殼的生物。由於化石的

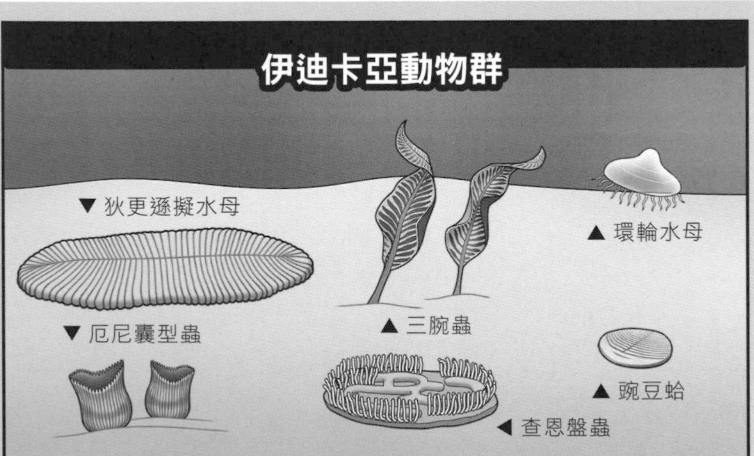
伊迪卡亞動物群
▼ 狄更遜擬水母
▲ 環輪水母
▼ 厄尼囊型蟲
▲ 三腕蟲
▲ 豌豆蛤
◀ 查恩盤蟲

插圖／加藤貴夫

影像提供／日本國立科學博物館

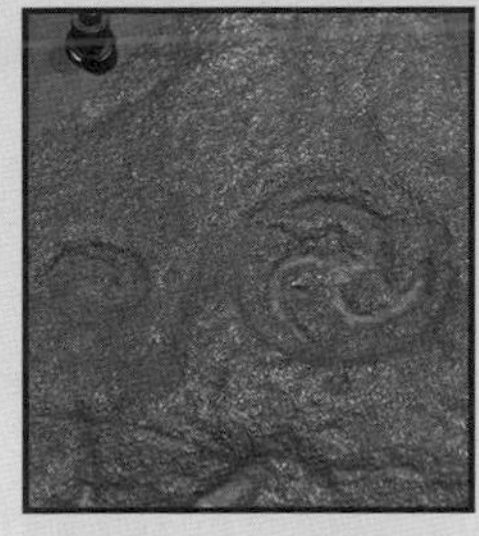

▲ 螺旋狀具 3 條溝的形狀是其特徵。在現存生物中，並沒有發現過身體具有往三個方向對稱的生物。

▲ 形狀為薄板狀的生物。由於沒有找到口部及消化管，因此還不知道它們究竟是如何獲取營養。

▲ 雖然具有植物般的外觀，但其實是動物。具有球根般的構造，可以將身體固定在海底的砂地。

殼上有著小洞，所以研究者推測有可能是被肉食動物攻擊，只有內部被吃掉了。

另一方面，我們對伊迪卡亞動物群還有許多不清楚的地方。它們身體的內部構造幾乎都還是未知，就連消化管的痕跡也找不到。由於牠們的外型大都是扁平狀，所以被認為可能是從身體表面攝取營養，不過實際上的狀況仍然不明。就連牠們跟現代動植物的哪個物種比較相近也不清楚，也曾經有過像「伊迪卡亞動物群其實是棲息在陸地上？」的論文被發表（二〇一二年，*Nature*）。

不僅限於伊迪卡亞紀，就算是對於從地球誕生以來直到五億四千一百萬年前為止的前寒武紀時代，也還有許多不清楚的部分。既然如此，就讓自己成為研究者，一起來解開生命誕生或是初期演化之謎吧！懷抱著這樣的夢想應該也是很不錯的呢！

特別專欄

先有 DNA？還是先有蛋白質？

生命體是由蛋白質構成，要製造蛋白質，則需要 DNA 的遺傳基因數據。但是就連那些 DNA 也是由蛋白質所形成的。

若是沒有 DNA 就沒辦法製造蛋白質，假如沒有蛋白質就沒辦法形成 DNA，這個問題被說是生物學最大的謎。至於究竟是何者為先，到現在也仍然不清楚。

插圖／加藤貴夫

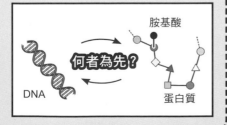

因為是速成的關係，
所以進化得也很快。

分工合作的細胞們

最初的生命體是只由單一細胞所形成的「單細胞生物」，也是細胞內ＤＮＡ沒被膜包住的「原核生物」。但是ＤＮＡ是寫有製造蛋白質情報的重要關鍵，於是為了保護ＤＮＡ，就形成核膜，也就是「真核生物」。

接下來還有更令人驚訝的，真核生物的細胞被其他原核生物給入侵了。那就是以在細胞內製造出能量、具有獨自的ＤＮＡ器官而為人所知的粒線體的真面目。

於是，真核生物又再變成具有能夠控制蛋白質輸送，或累積鈣質的小胞體、讓胺基酸結合的核醣體、讓蛋白質上附加糖或脂質的高爾基體等，最後細胞們聚集在一起，這就是「多細胞生物」的誕生。

多細胞生物最大的特徵，是各種細胞會分工合作，各自扮演自己的角色，例如人類是由大約六十兆個細胞組成，細胞的種類有神經細胞、骨細胞、血液細胞、肌肉細胞等。

多細胞生物由於讓各種細胞專門化，而得以獲得複雜的機能，變得有利於生存。我們所具有的便利身體結構，是經過長久歲月演化而來的結果。

插圖／加藤貴夫

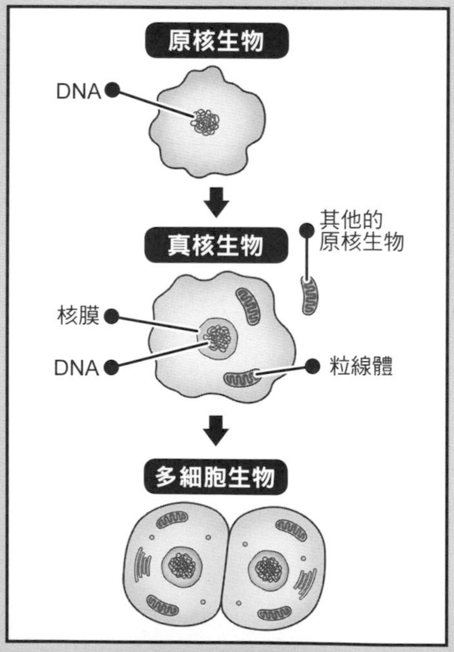
原核生物
DNA
真核生物
其他的
原核生物
核膜
DNA
粒線體
多細胞生物

▲細胞逐漸演化的過程。在現存生物之中，也有原核生物（乳酸菌等）或是單細胞生物（草履蟲等）。

顧名思義貝類組合

今天作業超難的，又一大堆。
這下可慘了。
我們兩個同心協力一起把作業寫完吧。
算了吧。
大雄這傢伙連一題都寫不出來。
害我失去幹勁了。
我今天好不容易下定決心想寫作業的。
反正我就是個沒用的傢伙。
怎麼覺得好溫暖喔。可是又沒有開暖爐。
你發現啦。
因為我背上裝了「溫暖貝」。

神祕化石時光布Q&A

Q 奇蝦只存活於寒武紀。這是真的嗎？

A 假的。在奧陶紀的地層中也有找到化石。

「顧名思義貝類組合」。
每一個上面都有寫名字耶。
只要把它裝在身上，就會變得跟上面寫的名字一樣。
我幫你裝上「充滿幹勁貝」。
我現在渾身充滿幹勁了。
一題接著一題順利解決了。
不過答案正不正確就另當別論了。
寫完了。
喂，靜香？
作業寫完了嗎？
還沒呢！
我已經快寫不下去了。
咦？大雄你全部寫完了啊？

拿去借靜香。
胖虎作業寫完了嗎？
怎麼可能寫得完啊？
我打算拿去叫小夫幫我寫。
什麼!?你全部寫完了？
只要有這個，輕輕鬆鬆就寫完了。
借我！
啊，那是我要借靜香的……
喂，小夫。
我帶了好東西來囉。
竟然又做這種壞事。
好，給他點顏色瞧瞧。
我們去交換吧！
？

神祕化石時光布Q&A

Q 在歐洲的地層中，有找到筆石及三葉蟲的化石。這是真的嗎？

A 真的。因為如此，就有了歐洲曾經淹沒在水中的說法。

要怎麼交換啊？
用其他的貝交換啊。
只要充滿幹勁，這點作業算得了什麼。
是胖虎的聲音。
「隱形噴漆」。
かたづけ
這樣就看不見我們了。
プシュ
※噴
看吧！輕輕鬆鬆就寫完了。
真厲害！胖虎，你是怎麼辦到的？
這還用說，因為我是天才啊。啊哈哈哈。
跟「錯誤貝」交換。
ピタ
※黏住
ポロ
※彈開

等、等一下！
幹嘛？我難得這麼有幹勁耶。
不好意思，幾乎都是錯的。
你說什麼!?
幫小夫黏上「半斤八兩貝」。
ポイ
※丟
你自己的還不是錯誤百出。
我們是半斤八兩。
我們出去玩接球，讓頭腦冷靜一下好了。
嗯。
用「惹事貝」和胖虎的交換。
ポイ
※丟
哇～暴投。
糟了…

神祕化石時光布Q&A

Q 在復原寒武紀的生物時，有上下及前後被弄反了的物種。這是真的嗎？

A 真的。怪誕蟲這種生物就因為這樣，導致它們的生態有很長的一段時間都一直是個謎團。

ガチャン
※鏘
糟了，快跑！
是誰？
給胖虎「自我介紹貝」。
我的名字叫剛田武。
是喔。
我要告訴你們老師，叫他好好管教。
謝謝你，我覺得痛快多了。
我把這個拿去借靜香喔。
如果他們又欺負你，就給他們貼上這個。
謝謝你。
背上怎麼會有怪怪的貝？
一定是大雄那個傢伙。

你竟敢整我們！
※丟
我怎麼可能會輸給你這傢伙。
我也不會輸給你的！
※丟
他們跑得很投入耶，
那叫什麼貝啊？
「運動貝」。

動物有了爆炸性的演化、多樣化！

因爲有了眼睛，開始吃與被吃的大競爭

在距今大約五億年前，生物有了爆發性的演化與多樣化，稱為「寒武紀爆發」。特別是現存無脊椎動物（不具有脊椎骨的動物）的祖先，幾乎全都是誕生於這個時代。

其中特別繁盛的是身體被堅硬外殼包覆住的節肢動物，在化石中發現了它們已經變成礦物的骨骼。此外，被用來當漫畫題材的貝類，也是出現於這個時代。

插圖／加藤貴夫

▲具有 5 個眼睛，以位於其前方的突起部分捕捉獵物。

寒武紀動物的最大特徵，是出現了具有眼睛的物種，像歐巴賓海蠍居然有五個眼睛呢！有了眼睛之後，除了變得容易找到食物，對於被當成獵物的一方來說，眼睛用在逃離敵人方面也是很有幫助。在這樣「吃與被吃」的競爭變得激烈化之下，腳和鰭這類的運動器官也會變得發達。此外，在眼睛演化的同時，生物也逐漸變得帶有各種顏色。

雖然我們平時都在使用眼睛而且不覺得有什麼大不了，但是其實眼睛對生物的演化造成很大的影響。也有學說認為寒武紀爆炸，是以具有眼睛成為契機而發生的呢（光開關理論，light switch theory）。

特別專欄

「發現」來自意外之處

沃科特（Charles Doolittle Walcott）博士從伯吉斯頁岩中發現了許多寒武紀化石，發現的契機卻是因為檢查絆倒他妻子所騎的馬匹的石頭。

新的發現，其實就在我們的身邊呢！

插圖／佐藤諭

被稱為怪物，形狀很不可思議的生物們

現存生物的祖先也誕生了

許多寒武紀的生物都有著非常獨特的外形，有時候也被稱為寒武紀怪物。假如要舉其中的代表，應該可以說是奇蝦吧！奇蝦位於這個時期的生態系頂點，以大眼睛及有刺的觸手捕捉其他動物來吃。雖然身體大小一般約為幾十公分，不過其中也有超過一公尺長的。

怪誕蟲的外觀本身就是最大的特徵，體長為一至三公分左右，從它細長的身體長出複數的細腳，及像刺般的物體。雖然圓形的部分看起來像頭部，不過其實這邊是身體後側，因為從另一邊的前端找到了眼睛和牙齒，而確定了這個事實。

雖然魚類、兩生類、爬蟲類、鳥類、哺乳類具有背骨（脊椎骨），不過在從受精卵開始形成身體的階段，首先會形成稱為「脊索」的柔軟組織。發現有這種脊索的是皮卡蟲，大小約為幾公分。

以最古老魚類，也是最古老的脊椎動物而為人所知的是「昆明魚」。雖然它的體長只有二至三公分左右，不過在頭部具有軟骨，而且還發現牠們已經具有眼睛。此外，在昆明魚的化石中也發現了消化管和生殖巢喔。只不過由於它們沒有顎部，所以一般認為牠們的進食方式應該是將海底含有有機物的泥吸入體內。

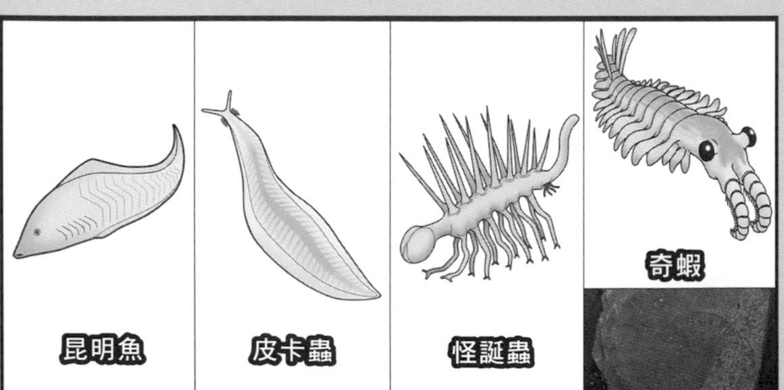

插圖／加藤貴夫

影像提供／日本國立科學博物館

化石之王「三葉蟲」是什麼樣的生物？

有一類生物被找到了一萬數千種類的化石，被稱為「化石之王」，那就是三葉蟲。由於在看它們的背部時，可以看到三個被縱分而稱為「葉」的部分，於是就獲得了「三葉蟲」的名字。

三葉蟲出現於寒武紀，一直到二疊紀為止，是大約存活了三億年的節肢動物。它們像蝦子、螃蟹那樣具有堅硬的殼，體長為二至十公分左右。其他還有像鼠婦那樣會把身體縮成一團保護自己、具有鰓以便呼吸和游泳等等生態與行為，也已經被確認了。

會依時代而有不同的形狀，這也是三葉蟲的特徵。雖然它們在寒武紀時是呈扁平構造，但在那之後則逐漸變得具有立體的身體。一般認為這是因為奧陶紀時期有很多的礁石（位於淺海處有岩石或珊瑚露出水面的地形），於是三葉蟲的生活場所也變廣了。

此外，到了奧陶紀時，身體形狀變得接近流線型，也出現了在頭部兩側具有帶狀眼睛的種類。這被認為可能是為了能夠自由的在水中游泳，而發展演化出來的。

雖然具有眼睛的三葉蟲全都具有像昆蟲般的複眼，但是其中也存在著沒有眼睛的種類。此外，還有像蝸牛那樣具有從身體突出在外的眼睛的種類。

© Jiri Vaclavek/Shutterstock.com

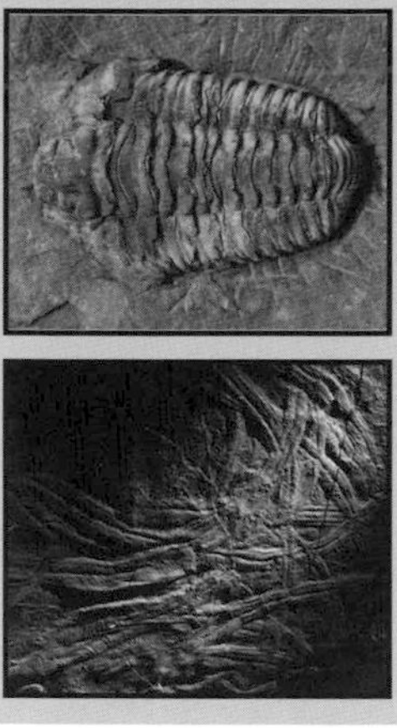

影像提供／日本國立科學博物館

▲上圖是三葉蟲的全身化石，下圖是三葉蟲經過時留下的痕跡形成的生痕化石。

插圖／加藤貴夫

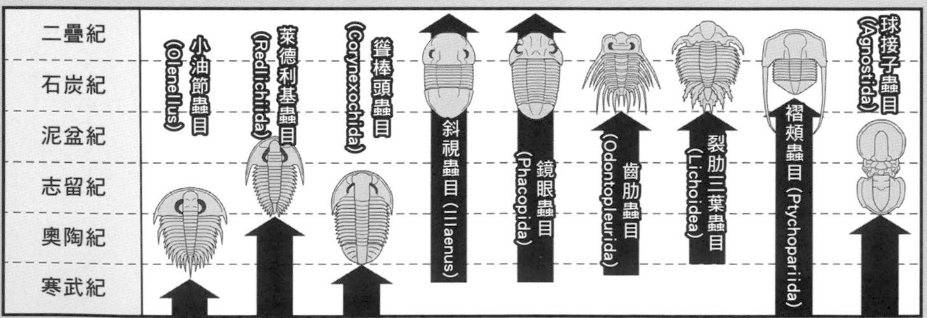
二疊紀
石炭紀
泥盆紀
志留紀
奧陶紀
寒武紀
小油節蟲目 (Olenellus)
萊德利基蟲目 (Redlichiida)
聳棒頭蟲目 (Corynexochida)
斜視蟲目 (Illaenus)
鏡眼蟲目 (Phacopida)
齒肋蟲目 (Odontopleurida)
裂肋三葉蟲目 (Lichoidea)
褶頰蟲目 (Ptychopariida)
球接子蟲目 (Agnostida)

▲ 依照不同年代，顯示出各有哪些種類的三葉蟲生存圖。特別是在奧陶紀時繁盛，而在泥盆紀終期時有許多的種類滅絕。

更爲演進的多樣化及突然的大量滅絕

由於溫暖化及大陸的分裂讓生物多樣化？

在奧陶紀時，除了三葉蟲以外，也有許多的生物有了急速的多樣化，這被稱為「奧陶紀的大輻射事件(Ordovician Radiation)」。

為什麼會發生這樣的事情呢？雖然我們不明白主要的原因，但是可能性之一應該是如前頁所說的「礁石」吧！雖然到當時為止有微生物堆積製造了礁石，但是在奧陶紀時，則由於大型生物的殼和骨頭，造出更為立體的礁石。也因為如此才讓生物棲息地得以增加。

因大陸分裂而讓地理狀況變得多樣，也可能跟生物的演化有關係。

另外還有一種學說認為，是由於海中的氮化合物增加、植物性浮游生物繁殖，造就出以其為食的動物容易繁盛的環境。

烏賊和章魚的親戚支配了海洋？

那麼，接下來就介紹幾種在奧陶紀繁盛的生物。在這個時代，支配海洋的是頭足類。這是軟體動物的一類，是烏賊和章魚的親戚。

其中最具代表性的是鸚鵡螺，雖然現在看得到的種類長得跟卷貝很像，但內部的構造並不一樣。相對於卷貝內部被塞得很滿，鸚鵡螺的殼裡則分成好幾個室，是有空洞的。一般認為它們利用那些小空間裡的空氣量來調整浮力。

接下來是海百合。它看起來很像植物，卻和海膽及海星一樣

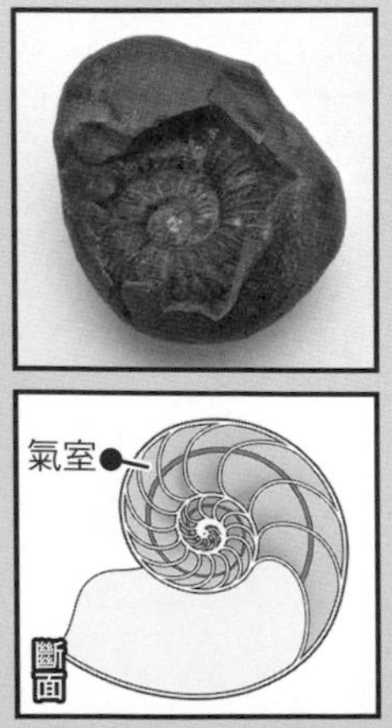

▲鸚鵡螺的化石（上）及橫切面圖（下）。被區分成好幾個小房間。（1）氣室；（2）橫切面。

影像提供／Biswarup Ganguly
插圖／加藤貴夫

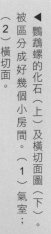

是棘皮動物。像花的部分是觸手，它們藉此捕捉海中的有機物或浮游生物送進嘴裡。此外，海百合到現在也仍然存活著，其中有一種海百合在日本周邊的海洋中也看得到。

筆石也同樣是有著植物外觀的動物，由於化石的形狀像筆而得名。在牠們的骨骼中有稱為「筆石蟲」的小型生物住在裡面和它們共同生活。此外，筆石有著各式各樣的骨骼形狀，一般認為不但有固定在海底的狀態的筆石，也有在水中漂浮的種類。

身體前半部被兩片橢圓形甲殼覆蓋的魚類是莎卡班蠣魚。此外，在奧陶紀中期還出現了身體被鱗片或外骨骼覆蓋的魚類。只不過由於莎卡班蠣魚沒有背鰭和胸鰭，所以一般認為牠們很有可能不擅長游泳。

同樣是魚類的牙形石也很獨特。雖然在世界各地都有發現牠們的牙齒化石，但是最重要的身體化石卻沒有被發現，所以有很長一段時間，研究者們都在議論牠們究竟長什麼樣子。如今已經發現了牠們的身體化石，知道了牠們的體長在四公分左右，是不具堅硬骨骼的原始魚類。

這些只是很小的一部分，其他還有很多生物也在這個時代繁榮。但是到了奧陶紀末期，由於持續不斷的冰河期與溫暖化，反覆的急劇氣候變動，導致了生物的大量滅絕。正如前頁的上段所說明的，雖然有些生物會因為地球環境的變化而繁榮，但有時卻也反而會導致物種的滅絕。

插圖／加藤貴夫

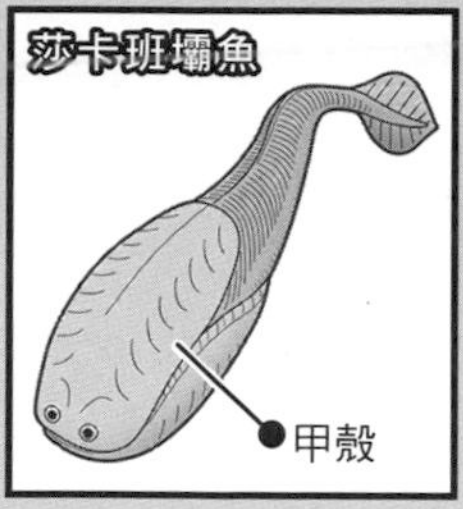

▲莎卡班蠣魚具有兩片橢圓形的甲殼。

影像提供／日本國立科學博物館

▲筆石的一種，四筆石的化石。

特別專欄

棘皮動物是五角形的？

棘皮動物的特徵是朝五個方向對稱（五輻射相稱）。海星自然不用說，海膽也是只要把牠們的刺給拔掉，就能夠很清楚的看出牠們真的是朝五個方向對稱。而海百合的觸手基部，也是只要看橫切面就會發現它們其實是呈五角形。

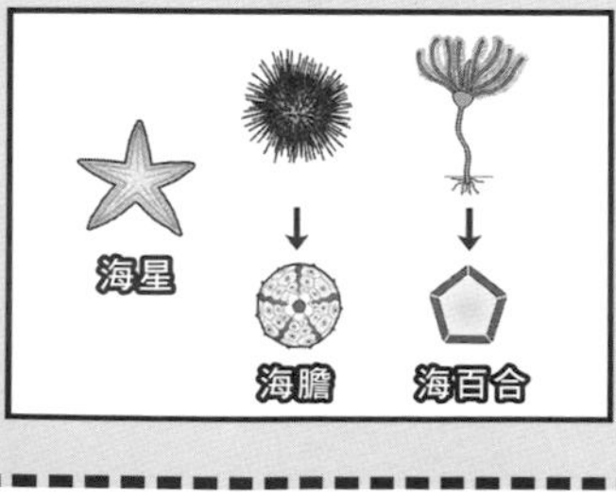

插圖／加藤貴夫

釣到大海怪！

喔…你說的大魚到底有多大呢…
四十六公分的石鯛!?真的假的？
你要拿魚拓過來給我看？
沒關係，不用特地拿來啦。
什麼？你說我嫉妒你!?亂講!!
我看就是了！
快給我拿來!!
ガチャ
※喀噠
這傢伙老愛炫耀他的釣魚技術。
真是快被他煩死了。

我了解爸爸的心情。
小夫跟我炫耀的時候，我也很想踹他。
有沒有什麼辦法啊？
我們只要拿出比四十六公分還大的魚拓回敬他就好了。
爸爸從來沒釣過那麼大的魚啊。
你要拿大魚出來嗎？
怎麼可能……
「充胖子魚鉤」。
只要魚上鉤之後，它會讓魚的細胞膨脹，看起來就有好幾倍大了。
真的嗎？
我們來實驗看看吧。
把刻度……調成十倍大。

神祕化石時光布Q&A

Q 腔棘魚的學名*Latimeria*，是以何者命名？①發現的時代 ②發現者的名字 ③發現場所

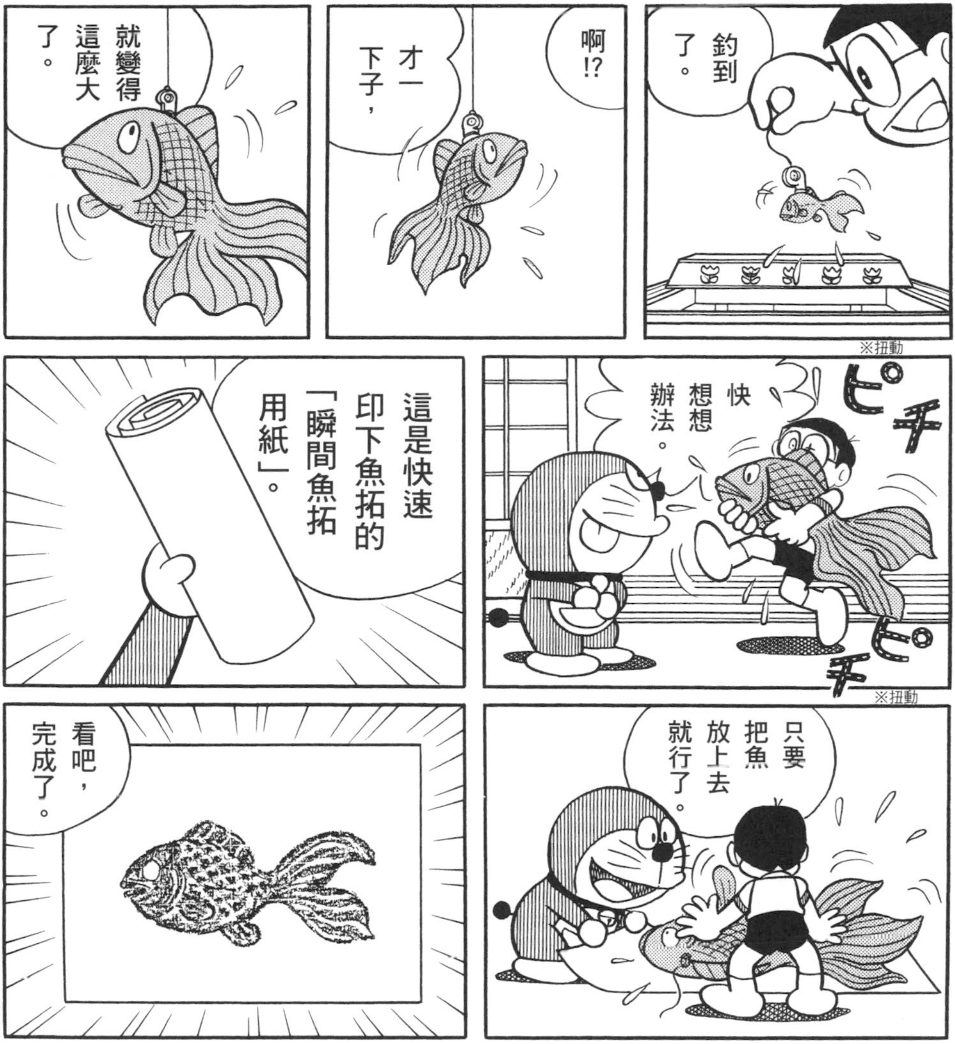
釣到了。
啊!?
才一下子，
就變得這麼大了。
快想想辦法。
ピチ
ピチ
※扭動
※扭動
這是快速印下魚拓的「瞬間魚拓用紙」。
只要把魚放上去就行了。
看吧，完成了。
拔掉魚鉤就可以恢復原狀。
借我一條魚。
馬上就會還妳的。

A ②發現者的名字。腔棘魚是在一九三八年由當時的博物館研究員瑪嬌莉・拉提瑪(Marjorie C. Latimer)所發現的。

只有魚乾串跟魚片。
再怎麼說這也太…
我來囉。
你果然還是來了…
進來吧。
已經來了!?
※啪噠
嗯?什麼事?
魚借我們一下喔。
喂!你們怎麼可以亂來!!
現在沒時間跟你解釋!!
你看!怎麼樣啊?
很大隻吧!
嗯……
的確很驚人……

Q 脊椎動物和昆蟲，何者先在陸地上出現？①脊椎動物 ②昆蟲

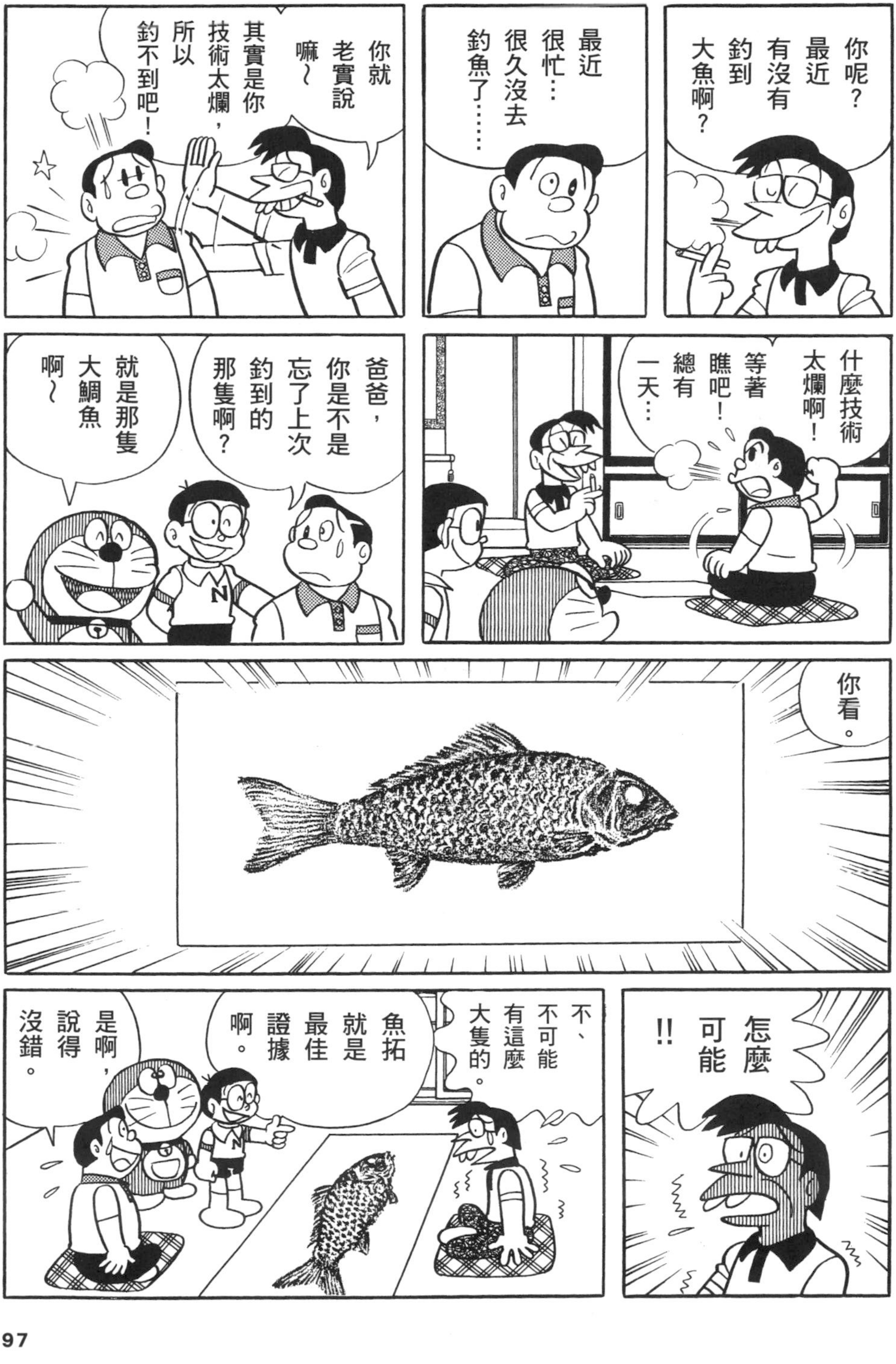
你呢？最近有沒有釣到大魚啊？
最近很忙…很久沒去釣魚了……
你就老實說嘛～
其實是你技術太爛，所以釣不到吧！
什麼技術太爛啊！等著瞧吧！總有一天…
爸爸，你是不是忘了上次釣到的那隻啊？
就是那隻大鯛魚啊～
你看。
怎麼可能!!
不、不可能有這麼大隻的。
魚拓就是最佳證據啊。
是啊，說得沒錯。

A ②昆蟲。一般認為是由與蜈蚣相近的動物先在陸地上出現，然後再減少腳的隻數而變成昆蟲。

哎呀~這種小魚隨便釣都有。
哈哈哈……
我不相信…我不相信…
好吧！我們來比賽。
就這個星期日，
看誰釣的魚大隻!!
星期日
喔！這麼快就上鉤了!!

※晃動

神祕化石時光布Q&A

Q 初次在陸地生長的其中一種植物庫氏裸蕨（*Cooksonia*）是以種子增加同伴。這是真的嗎？

你看！
這麼大隻的竹筴魚。
那又不算什麼。
喔！又釣到了。
這次是鱸魚。
很不錯吧？
你釣到幾隻了？
囉嗦。
我們是比大隻又不是比數量。
早就料到會這樣。
爸爸釣魚的技術果然不好。
把魚鉤對調。
※晃動
順便把魚鉤上去吧……
上鉤了!!
グ・グッ

A 假的。它們是以位於莖部的「孢子囊」釋放孢子，來增加同伴。

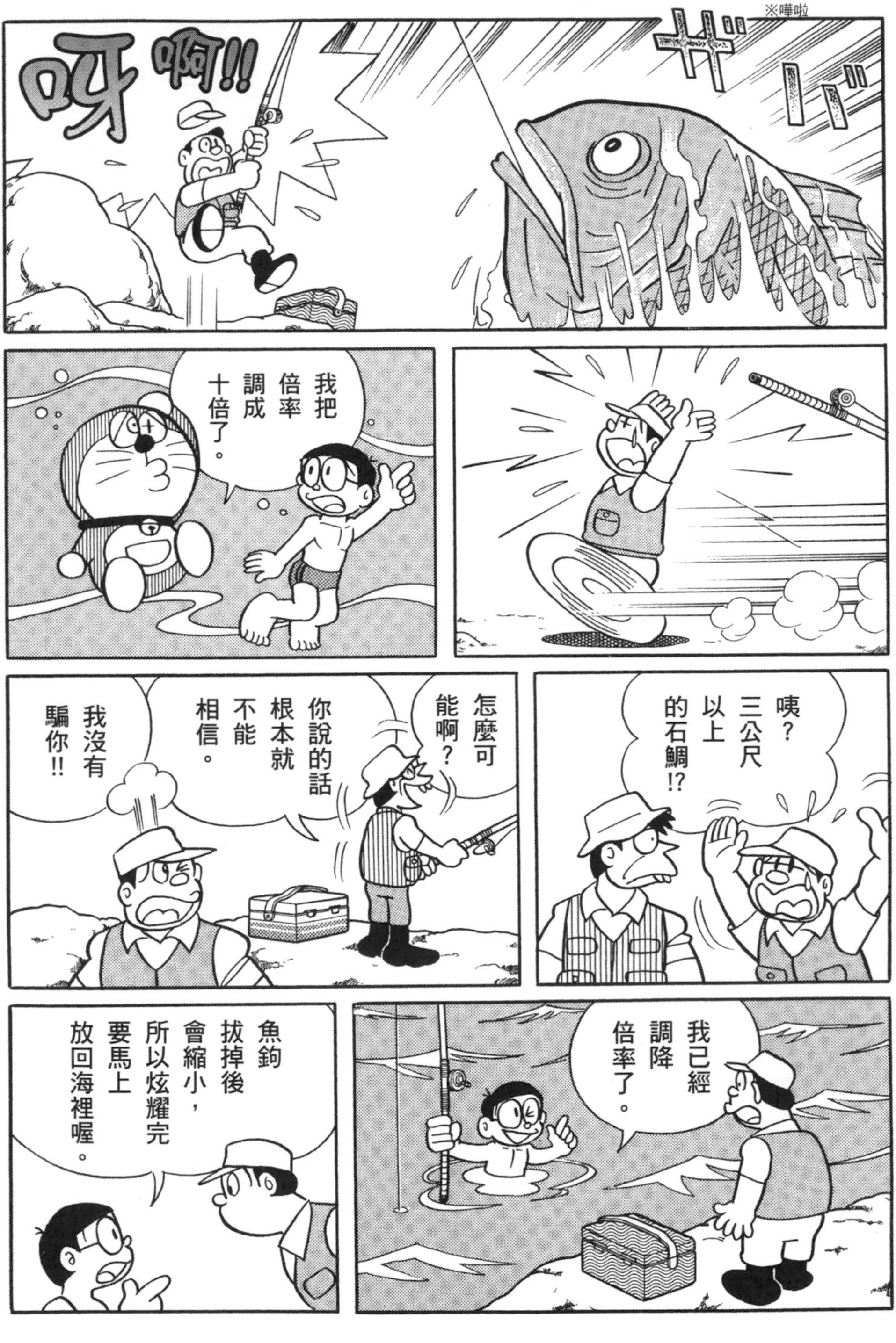
※嘩啦
ザバ
呀啊!!
我把倍率調成十倍了。
咦？三公尺以上的石鯛!?
怎麼可能啊？
你說的話根本就不能相信。
我沒有騙你!!
我已經調降倍率了。
魚鉤拔掉後會縮小，所以炫耀完要馬上放回海裡喔。

神祕化石時光布Q&A

Q 泥盆紀的魚如鄧氏魚的咬合力比鱷魚還要強。這是真的嗎？

A 真的。針對頭骨的化石做科學性分析，發現牠們的咬合力應該比公認是現今最強的鱷魚還要大。

準備好了嗎？
趕快把魚鉤上去。
海裡面會滑，很難調整……
ピタ
※勾住
上鉤了!!
※晃動
大海怪!!

魚類數量增加的志留紀

在生物變得多樣化的同時，魚類也演化了

在地球史上，氣候最溫暖的時代之一是志留紀。從奧陶紀的寒冷氣候轉變成溫暖的環境，對生物的生活來說是絕佳的環境，所以各種各樣的動植物都拓展了活動範圍。在這個時代的海洋之中，有「海蠍子（或稱廣翅鱟）」這種接近現生蜘蛛的同類大為繁盛。一般認為，被稱為「活化石」現在也仍然存在的鱟，在這個時代已經有和現在很相似的同類存在。

人類雖然被分類在喝媽媽的奶長大的哺乳類當中，但是在回溯其演化路程時，就會被分類到「具有脊椎骨的動物」也就是「脊椎動物」之中。而被視為脊椎動物共通祖先的是「魚類」——也就是魚。魚類的遠祖誕生於寒武紀，雖然牠們一直存活到志留紀，但仍然是又小又弱的生物。

插圖／加藤貴夫

志留紀的魚類

棘魚類

除了尾鰭以外，所有的鰭的邊緣都具有刺，生活在淡水之中。現在已經滅絕不存在了。

柵棘魚（Climatius）

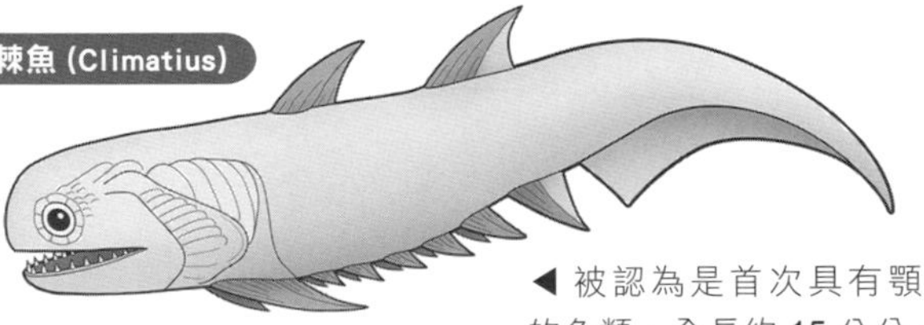

◀被認為是首次具有顎部的魚類，全長約 15 公分。

無頷魚類

最早出現的魚，沒有顎部。幾乎全部滅絕，現在只剩下八目鰻的同類。

吻鱗魚（Rhyncholepis）

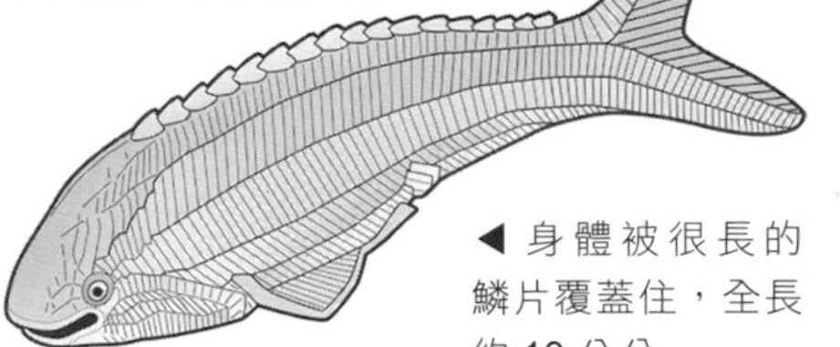

◀身體被很長的鱗片覆蓋住，全長約 10 公分。

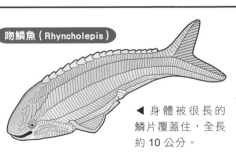

插圖／佐藤諭

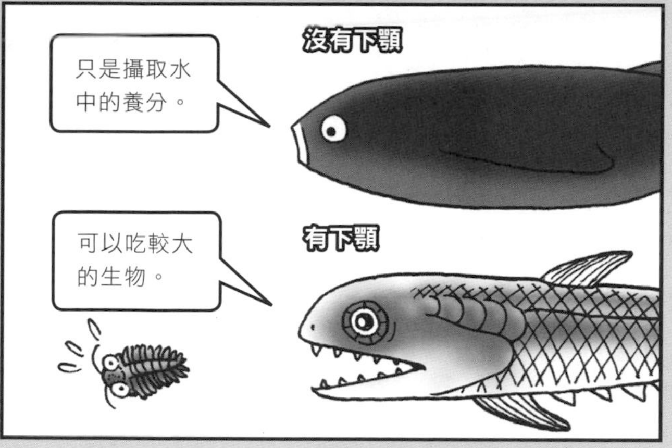
沒有下顎
只是攝取水中的養分。
有下顎
可以吃較大的生物。

具有顎部的魚誕生 而且大型化了

那麼，初期的魚類為什麼會又小又弱呢？那是由於當時牠們沒有顎部，一直都是開著合不起來的圓形「口部」。那種沒辦法合起來的圓形口部，只能吸入含於海水或海底泥中的少量營養，所以就長不大了。

像這樣沒有顎部的魚類，被分類為「無頷魚類」。現在的八目鰻的同類也是無頷魚類（請參照第一〇五頁表格）。

可是在無頷魚類誕生後，大約一億年後的志留紀期間，出現了具有顎部的魚。牠們可以用顎部牢牢捕捉住獵物，並將它咬碎吃下去。其結果就是牠們變得能夠吃下比從前營養價值高、體型又大的生物，身體也就能夠變大了。

加上後來又出現為了能夠追趕逃走的獵物而具有不輸給獵物速度的物種，支撐身體的骨骼從柔軟的「軟骨」變成堅硬的「硬骨」，也就能夠做劇烈運動了。

身上具有硬骨的魚類子孫，成為現在地球上數目最多的「條鰭魚類」而延續下來（請參照第一〇五頁上的表格）。因為獲得顎部而抓住繁盛契機的魚類，在下一個時代的泥盆紀又變得更加繁榮。

顎部的演化理論有兩種

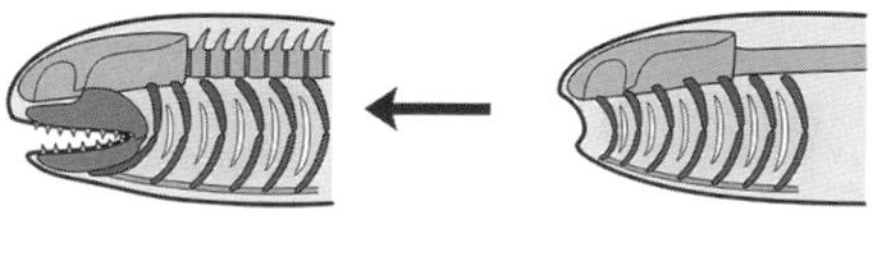

▲ 認為是口部與喉嚨間的骨頭成為顎部的骨頭。

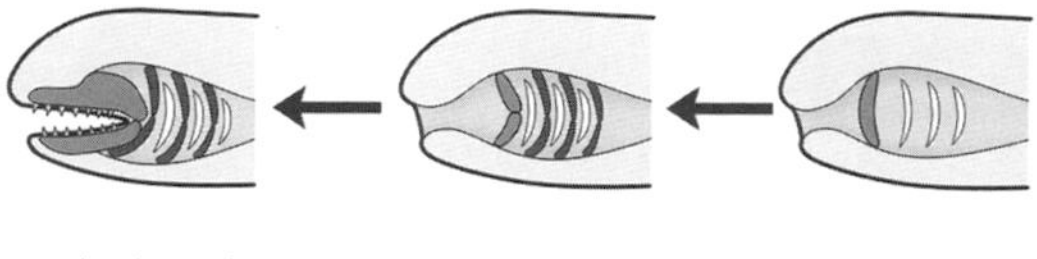

▲ 認為是支撐鰓的骨頭變成顎部的骨頭。

插圖／加藤貴夫

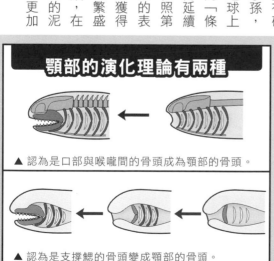

現在已經滅絕的魚類在當時很繁榮

泥盆紀在地球的長久歷史中，是最早有魚類繁榮的時代。在鰭上有刺的「棘魚類」、頭上被骨質的「頭盔」包覆住的「盾皮魚類」等。以現代已經不再存有的兩個大群為首，包含「無頷魚類」、「軟骨魚類」、「條鰭魚類」、「肉鰭魚類」在內，總共有地球史上最多的六大群、極富多樣性的魚類在海中生活。

在魚類如此多樣化的時代中，位居當時食物鏈頂端的，是盾皮魚類的鄧氏魚。這種全長超過六公尺的巨大魚類，在志留紀時期演化出讓魚類初次獲得顎部的「咬合力」。不只是下顎而已，就連上顎也能夠打得很開，所以一般認為，牠們能夠吞下相當於自己身體那麼大的魚類。

可是，如此繁榮的板皮魚類在泥盆紀的末期卻滅絕了。牠們為什麼會從地球消失身影，至今也仍是個謎。

志留紀的魚類

盾皮魚類 頭部被由骨質「頭盔」包覆住的魚。但是在泥盆紀的末期就滅絕了。

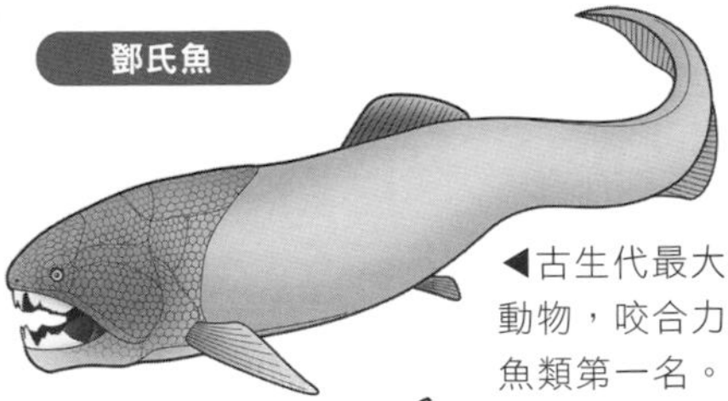

鄧氏魚

◀古生代最大的動物，咬合力是魚類第一名。

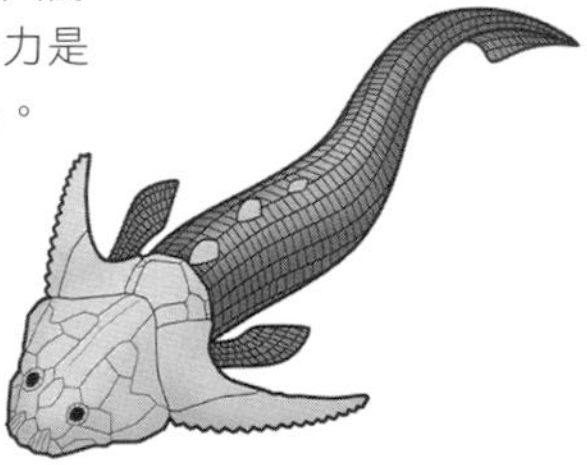

月甲魚

▼具有像弦月般突起。全長約 25 公分。

◀古生代代表性鯊魚的同類，全長約 1.2 公尺。

裂口鯊

軟骨魚類 具有柔軟的骨骼，身體被小型的鱗片覆蓋住。現代的鯊魚、鱝及銀鮫都是牠們的同類。

插圖／加藤貴夫

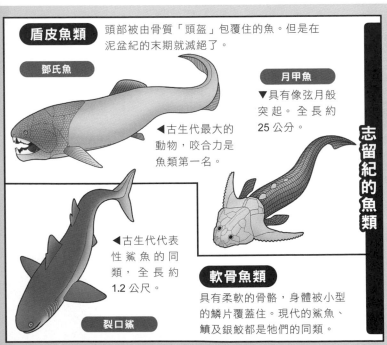

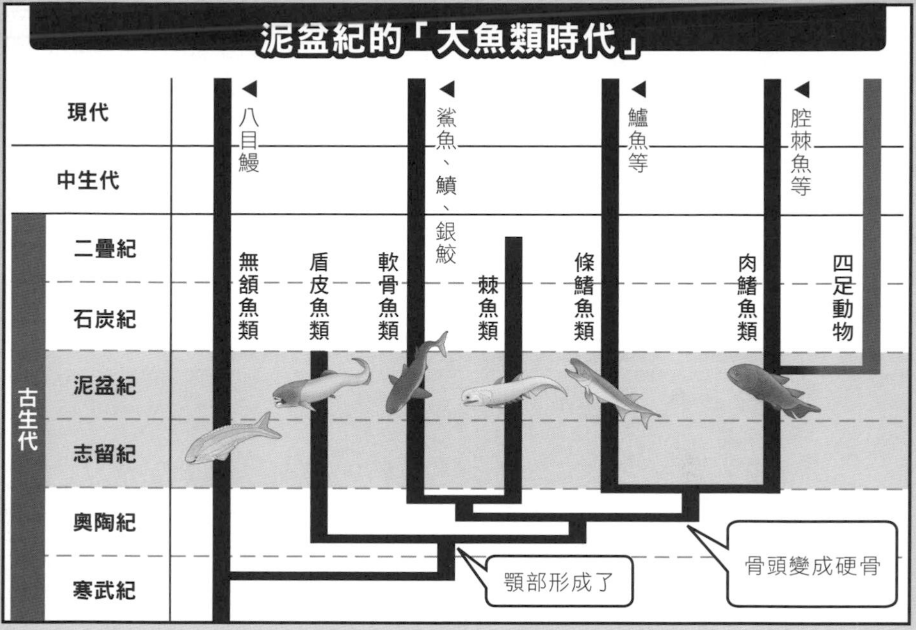
泥盆紀的「大魚類時代」
現代
中生代
古生代
二疊紀
石炭紀
泥盆紀
志留紀
奧陶紀
寒武紀
八目鰻
鯊魚、鱝、銀鮫
鱸魚等
腔棘魚等
無頜魚類
盾皮魚類
軟骨魚類
棘魚類
條鰭魚類
肉鰭魚類
四足動物
顎部形成了
骨頭變成硬骨

插圖／加藤貴夫

一部分的魚類開始爬到陸地上生活

在泥盆紀的末期，魚類之中出現了在陸地上生活的物種。泥盆紀是雨季和乾季交互造訪的時代，有時候才剛覺得河川和水池因洪水而溢流，有時水又少到幾乎完全乾涸。一般認為生活在這種嚴酷環境中的一部分魚類，胸鰭演化成前腳、腹鰭演化成後腳，身體變成以肺呼吸，然後爬上了陸地。

條鰭魚類

魚類當中演化得最先進，現今95%的魚類都屬於這個類群。

鰭鱗魚

▲ 原始性的條鰭魚之一。

肉鰭魚類

鰭的基部被肉包覆住。爬到陸地上的四腳動物是由此演化而來的

空棘魚

▲ 最古老原始的腔棘魚。

插圖／加藤貴夫

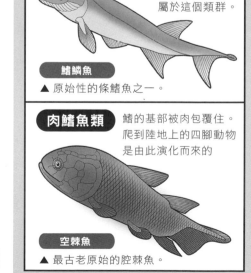

蟑螂笛

很久以前，漢姆林市裡老鼠橫行，居民都感到非常困擾。
一位吹笛手前來毛遂自薦，他說：「我有本事對付這些老鼠。」
市長等人回答：「就憑你？有本事的話就試試看吧。」
他用笛聲引出城裡的老鼠，一大群老鼠循著笛聲來到河邊，紛紛投水自盡。
呀啊！
發生什麼事？

媽媽，怎麼了啊？
你看那裡、看那裡！
※沙沙沙
さささ
原來是蟑螂啊。
※噴
しゅう しゅう
蟑螂真是嚇死人了。
呀啊啊！又來了。
真受不了，怎麼有這麼多蟑螂啊？
也許我們該搬家了。
對了。

A

真的。蟑螂沒有耳朵。不過能夠以位於腳上的細毛捕捉聲音的振動。

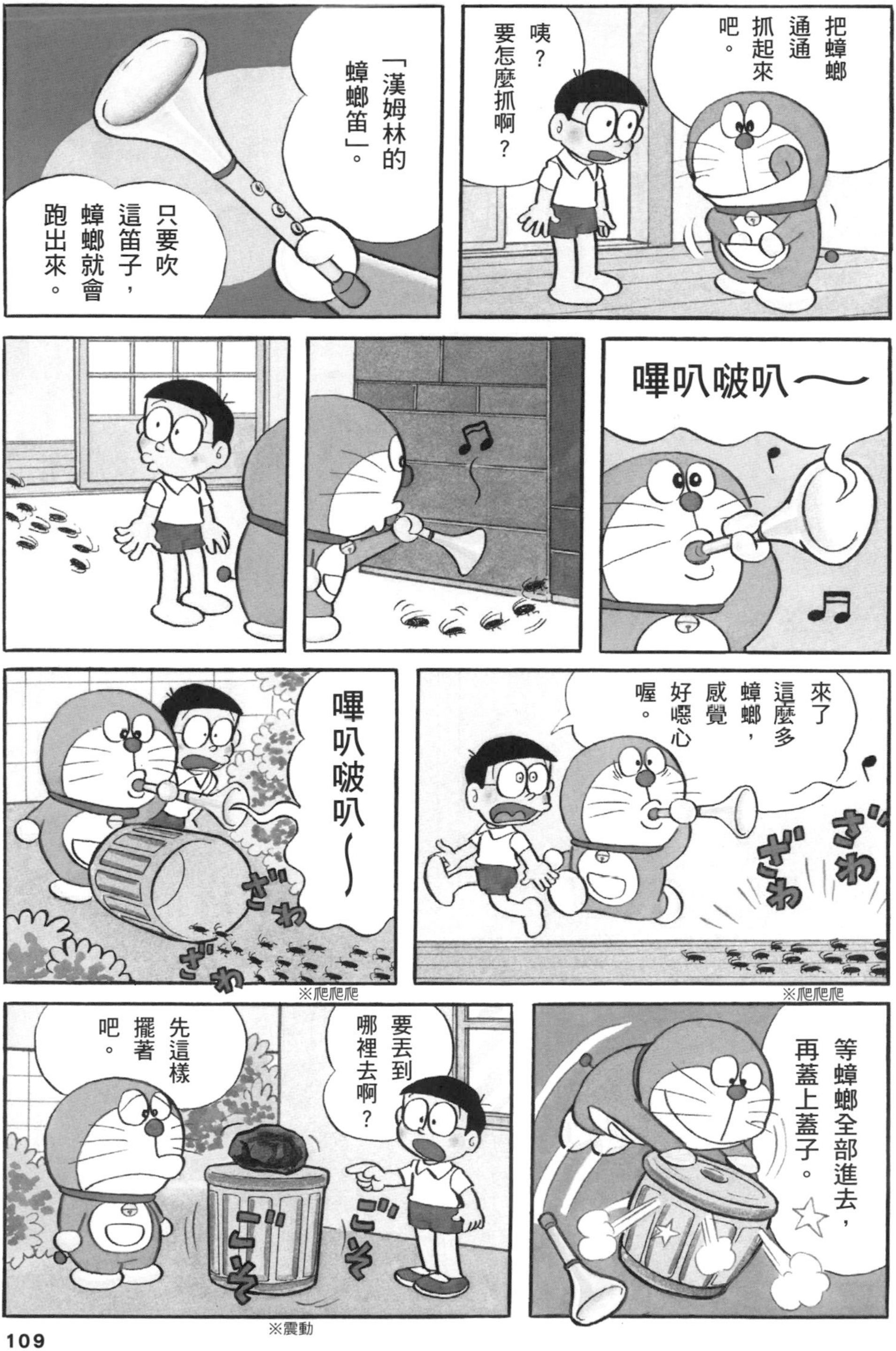

把蟑螂通通抓起來吧。
咦？要怎麼抓啊？
「漢姆林的蟑螂笛」。
只要吹這笛子，蟑螂就會跑出來。
嗶叭啵叭～
來了這麼多蟑螂，感覺好噁心喔。
ざわざわ
※爬爬爬
嗶叭啵叭～
ざわざわ
※爬爬爬
等蟑螂全部進去，再蓋上蓋子。
要丟到哪裡去啊？
先這樣擺著吧。
ごそごそ
※震動

你們把蟑螂都趕跑了？
哎呀！真是太好了。
給你們一點獎勵。
好好喔。
可以幫我們家抓蟑螂嗎？
※抽走
ひょい
吵死了，借我一下啦。
媽媽。
我如果幫忙抓蟑螂，你會給我多少零用錢？
我們家又沒有蟑螂。
是誰啊，
怎麼把垃圾桶搬來這種地方？

神祕化石時光布Q&A

Q 生活於石炭紀的巨大蜈蚣到底有多大呢？①50公分 ②1公尺 ③2公尺

ざわあ
※爬爬爬
你們快把蟑螂抓去丟掉啊！
笛子都被拿走了。
我們哪有辦法抓蟑螂啊……
ざわ
ざわ
※爬爬爬
把這些蟑螂引到我們家吧！
嗶叭啵叭～
ざわ
ざわ
※爬爬爬
街上的蟑螂都跟我來吧！嗶叭啵叭～

A 2公尺。與蜈蚣及馬陸同類的節胸蜈蚣（Arthropleura），體長2公尺以上，寬度則有50公分。

※爬爬爬
ざわ
※爬爬爬
總覺得家裡好吵喔。
ざわ ざわ
我幫忙抓蟑螂的話，
你會給我多少錢？
ガチーン
※打
スー
笛子壞掉了。
※嘶～

形成蕨類植物大森林的石炭紀

石炭是由這座森林的植物所形成的

只要說到羊齒，大家想像的可能會是類似草般的植物。有人應該吃過山菜中的蕨類吧！可是，繁榮於石炭紀的蕨類植物，會長成稱為「木質羊齒」的巨大樹木。化石的表面看起來像是魚鱗，鱗木的樹幹直徑可以超過兩公尺，高度也可以達到四十公尺。一般認為看起來像是鱗片般的模樣，是在成長過程中長在樹幹或莖上的葉子掉落後的痕跡。從相同時代地層中發現的封印木，高度也會達到二十公尺。

蘆木的高度大約有三十公尺左右，由於看起來是條狀的紋路和現生的蘆葦很像，所以被稱為蘆木。

在現在的森林中，倒下的樹木會變成生物的食物，或是被微生物分解，在食物鏈中被消費。不過在蕨類植物容易繁盛的溼地中，倒下的樹木馬上就會被埋進泥裡，在不被分解的狀態下被保留很長的時間，而後變質成其實是化石的石炭。

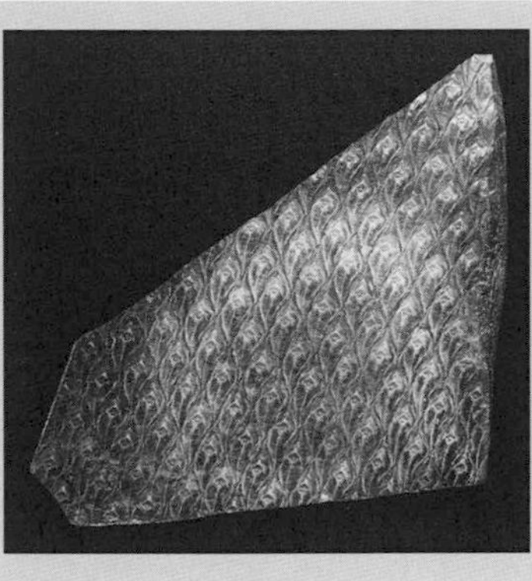

◀鱗木的化石，是石炭紀的植物中能夠成長到最大級的植物。

影像提供／冨田幸光

© Catmando/Shutterstock.com

◀封印木外觀想像圖。

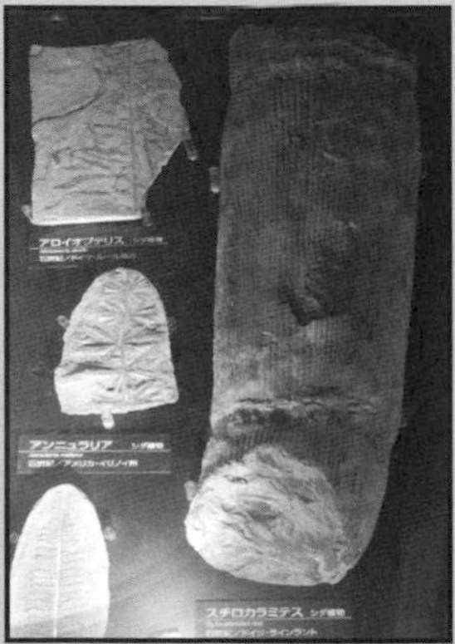

◀條狀模樣很醒目的蘆木。

影像提供／日本國立科學博物館

蟑螂們的巨大祖先──原直翅類

在蕨類植物的大森林中生活的，是比其他動物都還要早登上陸地的節肢動物。昆蟲在這座大森林中的演化達到了最高點，牠們演化出了在當時的生物所不曾具有的「翅膀」。在所有的動物之中，第一個飛上天空的就是昆蟲們。

至於昆蟲是如何獲得翅膀的，目前仍然不得而知。雖然現生昆蟲的基本形態是具有四片翅膀，不過初期的昆蟲中，也有像古網翅類般，在四片翅膀前還另外有兩片小翅膀，總共具有六片翅膀的物種。一般認為昆蟲的翅膀，是由原本位於身體側面像是突起般的東西演化而來的。

在這個石炭紀的大森林中迎接繁榮巔峰的，竟然是蟑螂的同類們。一般認為當時非常繁榮的蟑螂類應該大大小小合起來超過六百種；最大級的原直翅目昆蟲是體長五十公分、比人頭還要大的蟑螂。蟑螂自從在這個時代出現以來就存活到現在，外形幾乎沒什麼改變，也是可以稱為活化石的生物。被認為是這些蟑螂祖先的是原直翅類昆蟲，體長有十二公分，雖然比現生的蟑螂還要大非常多，不過殘留在化石中的身影和蟑螂非常相似。

假如有像生活於石炭紀那樣的巨大蟑螂進到家裡的話，大雄和胖虎的媽媽應該不只是跳起來而已吧！

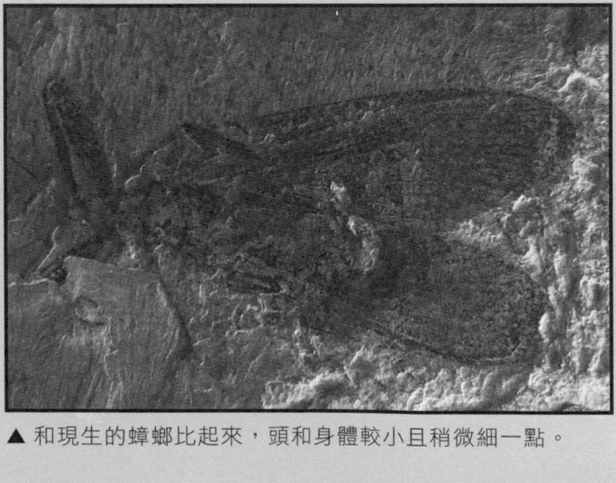

▲和現生的蟑螂比起來，頭和身體較小且稍微細一點。

巨大的蜻蜓，巨脈蜻蜓飛起來了！

從石炭紀的地層中，也發現巨大蜻蜓同類的化石，那是原蜻蛉目的巨脈蜻蜓。雖然牠們並不是現生蜻蜓的直接祖先，但是在觀察化石的時候，從兩對大翅膀也應該可以想像到牠們是蜻蜓的同類吧！牠們的體長從頭到尾端超過三十公分，翅膀展開的大小可達七十公分，能夠在空中飛行的昆蟲當中，是史上最大級的。由於現生蜻蜓的最大物種在展翅時的大小也不超過二十公分，所以巨脈蜻蜓的體型是現生物種的三倍以上。

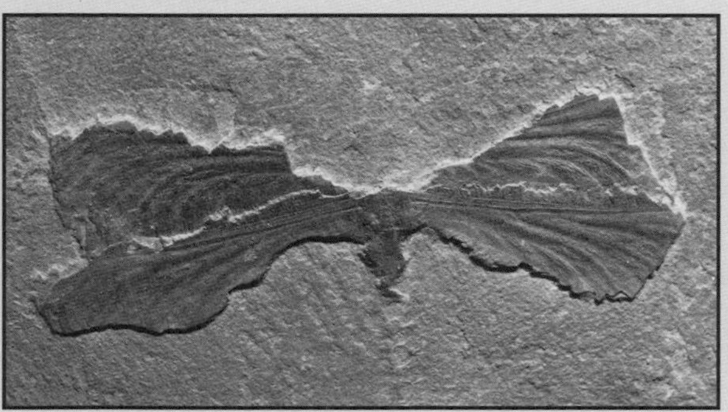

攝影／大橋賢　日本國立科學博物館收藏

▲在翅膀上看得到條狀模樣（翅脈）的巨脈蜻蜓化石。

從巨脈蜻蜓翅膀基部的形狀來判斷，應該沒辦法把翅膀摺疊起來停棲，也不能像現生的蜻蜓那樣迅速的改變方向，停在一個地方盤旋徘徊。牠們可能是在沒有天敵的蕨類植物森林中，時不時拍拍翅膀，一邊在空中滑翔，一邊捕捉獵物。

特別專欄

昆蟲們為什麼變得如此巨大？

一般認為石炭紀的昆蟲之所以演化得如此巨大，原因可能有好幾種。首先，在陸地上形成了蕨類植物的大森林，大氣中的氧氣濃度為現在的大約 1.6 倍，接近 35%。由於相對於植物以光合作用製造的大量氧氣，消費氧氣的生物並不多，於是氧氣就比現在要多很多，這樣的環境很適合昆蟲活動。其他還有尚未出現捕食昆蟲的大型生物、平均氣溫比現在高等原因，都讓昆蟲能夠活躍的活動。

當石炭紀終期的冰河期來臨時，地上環境出現了變化，巨大昆蟲也就消失了身影。不過昆蟲在這個時期演變成會從幼蟲、蛹，再變化為成蟲的完全變態而持續繁榮。在那之後，雖然有氧氣濃度高、氣溫高的時代，但卻再也沒有昆蟲可以長到石炭紀那麼巨大的時代了。昆蟲的巨大化，是尚未被解開的謎團之一。

以陸地爲目標 伸展手腳

當植物和節肢動物在陸地上拓展勢力的時期，海中的脊椎動物們也在做登陸的準備。

生存於大約三億五千萬年前泥盆紀後期到石炭紀前期左右的棘螈（又名棘魚石螈），是原始性的兩生類，也是在已確認的動物中最為原始的四腳動物。牠的體長大約六十公分左右，具有四隻腳，但是在腳踝處沒有關節，全都朝向外側，趾頭也有八根，像魚鰭般的特徵還殘留著，從脊椎（背骨）的形狀來看，被認為還不能在地面上走動。不過，獲得四隻腳是邁向適應陸地生活的第一步。

插圖／加藤貴夫

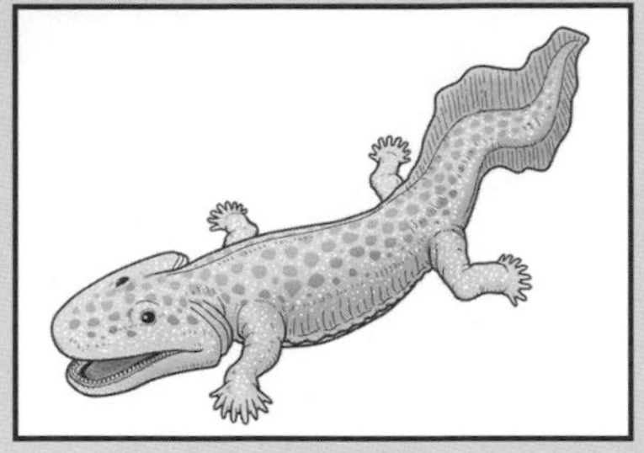

▲ 原始的四腳動物棘螈。

被誤認爲是魚，適應陸地生活的動物

從棘螈的時代之後，有大約兩千萬年的時間都沒有找到過任何四腳動物的化石。以提案者的名字稱之為「羅莫空缺（Romer's Gap）」的這段時間，長久以來一直都是個謎。直到在二〇〇二年彼得普斯螈化石的發現，才填補了這段空白的時間。雖然該化石在一九七一年就已經被發現了，但是大約有三十年的時間都被誤認為是魚類。彼得普斯螈的腳尖朝向前方，這種方便步行的構造讓牠們成為能夠在陸地上自由行走、最初的四腳動物。

插圖／加藤貴夫

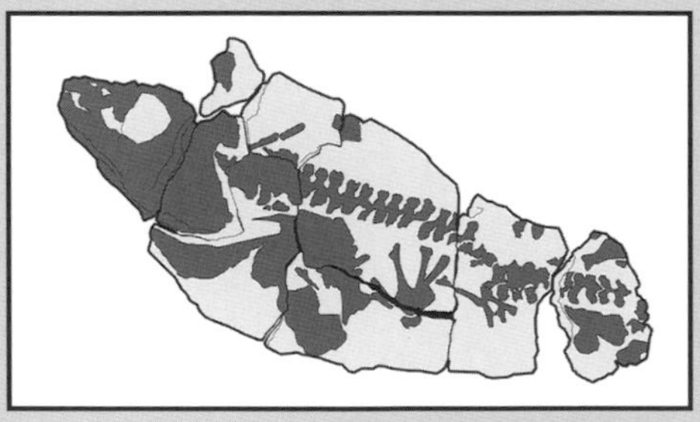

▲ 被誤認為魚類的彼得普斯螈的化石（模寫）。

影像提供／冨田幸光

▲具有大嘴的引螈是強力的捕食者。

史上最強的兩生類出現！

成功適應了陸地生活的兩生類，從石炭紀到接於其後的二疊紀為止，都以最強生物的姿態繁榮的生活著。

西蒙螈的體長超過五十公分，以強壯的四肢將身體好好的撐起來，讓牠們能夠在陸地上步行。雖然當初在剛發現化石時以為牠們是爬蟲類，但是現在則把牠們分類為兩生類。所以牠們是雖為兩生類卻具有爬蟲類性質的動物。

更往巨大體型演化的兩生類是引螈，牠的體長兩公尺，體重逼近一百公斤。牠們是具有強壯脊椎骨、腳以及寬廣身體的生物。牠的眼睛和鼻子靠近頭部上側，有可能是像鱷魚那樣伏擊狩獵。牠們應該可以算是二疊紀前期水邊最強動物吧！

特別專欄

回到水中的兩生類

獲得四肢、適應了陸地生活的兩生類，在這個時代是位於水邊生態系頂端的生物，朝各種形狀演化。其中也出現了再度回到水中生活的物種。

以大的三角形為特徵的笠頭螈是一種適應了水中生活的兩生類。雖然還有許多尚未釐清的部分，不過三角形的頭可能被活用於在水中轉換方向等。

在大約兩億七千萬年前的二疊紀後期，鋸齒螈登場。

這是具有細長口部、看起來很像鱷魚的兩生類，雖然只有發現一部分的化石，卻被推定為體長達到九公尺，史上最大的兩生類。雖然也能夠爬到陸地上，不過一般認為牠們的一生應該幾乎都是在水中度過。

▲簡直就像是迴力鏢般左右大幅突出的笠頭螈頭部。

插圖／高橋加奈子

野狗「阿一」之國

汪汪。
是上次
那隻野狗。
今天沒東西
給你吃喔。
大雄，
你剛才
居然……
汪汪!!
才餵過你
一次飯，
竟然就會
保護我了。
可是
我們家
不能
養寵物。
牠聽不懂
我的話。

到靜香家……
暫時讓我躲一下。
出木杉也來了唷。
嗨！
再繼續讀吧。
「令人驚訝的是這個遺跡……」
什麼是遺跡？
就是古人生活留下的痕跡。
你不知道嗎？在非洲的內陸發現了古老城鎮的遺跡喔。
「這個遺跡擁有高度的文明，如此劃時代的大發現已經推翻現今的考古學與人類學……」

神祕化石時光布Q&A

Q 二疊紀的英文名Permian，是命名自Permian這種生物的名字。這是真的嗎？

好深奧的對話……
我回去了。
你在這裡等我嗎？
如果我可以養你，
不知會有多開心……
可是媽媽不可能答應的。
不能想個辦法嗎？
也是啦……
「貼壁狗屋」。
將它貼在隱密的地方。

A 假的。二疊紀是以位於俄羅斯的城市彼爾姆（Perm）而命名的。

神祕化石時光布Q&A

Q 經常被種來當行道樹的銀杏樹，其實是活化石。這是真的嗎？

這樣就沒問題了。
乖喔，不可以隨便出來。
謝啦。
多虧你我才能養狗。
以後才會是問題呢。
除了每天要餵牠吃飯還必須帶牠去散步。
可是後悔也來不及了，我會盡力照顧牠的。
我不在時千萬不要被媽媽發現啊。

A 真的。銀杏樹是從二疊紀到白堊紀都很繁盛的植物的同類，但只有這種存活到現在。

狗呢？
沒問題。
幫我把風盯著媽媽。
OK。
汪汪。
噓！
去好好玩一玩唷。
嗯。
待在小小的狗屋裡很無聊吧？
狗狗。
叫狗狗好奇怪呢，
要幫牠取個名字。
汪汪。
汪……
聽起來很像英文的「一」……
就叫你阿一吧。
是很有國際觀的名字唷。

※汪嗚…
牠在叫呢！
真拿牠沒辦法。
※汪嗚…
如果被發現怎麼辦。
噓！
安靜！
你很寂寞啊？
那我陪你一下下喔。
※汪嗚…
※嗅嗅
外面有什麼？
※喵嗚…喵嗚
是野貓嗎……
不知道是被誰丟棄的。
你在擔心那隻貓嗎？
真是心地善良的好孩子……

神祕化石時光布Q&A

Q 繁榮於古生代的海百合是生長在海洋中的一種百合花。這是真的嗎？

A 假的。海百合是一種棘皮動物，和現生的海膽及海星是遠親。

我是來
洗手的……
最近廚房
常有食物
不見。
那是我半夜
讀書
肚子餓了
所以拿來吃。
這個藉口
會不會
太容易
被拆穿
了。
我的
零用錢
剩很少。
可是必須
買飼料。
肉店
只能買
一根火腿。
咦？
怎麼了？

牠好像有話要說。
「動物語耳機」。
汪汪。
什麼？有一隻可憐的野貓……
想要我們一起養！
喵～
開什麼玩笑，偷養一隻就已經手忙腳亂了啊！
※沮喪
ショボ
喵嗚～
好吧，我們也養就是了。
狗的心地太好也很麻煩呢。
但是兩隻寵物糧食的錢怎麼辦？

神祕化石時光布Q&A

Q 在古生代的海洋中繁榮的三葉蟲，在三疊紀也很繁盛。這是真的嗎？

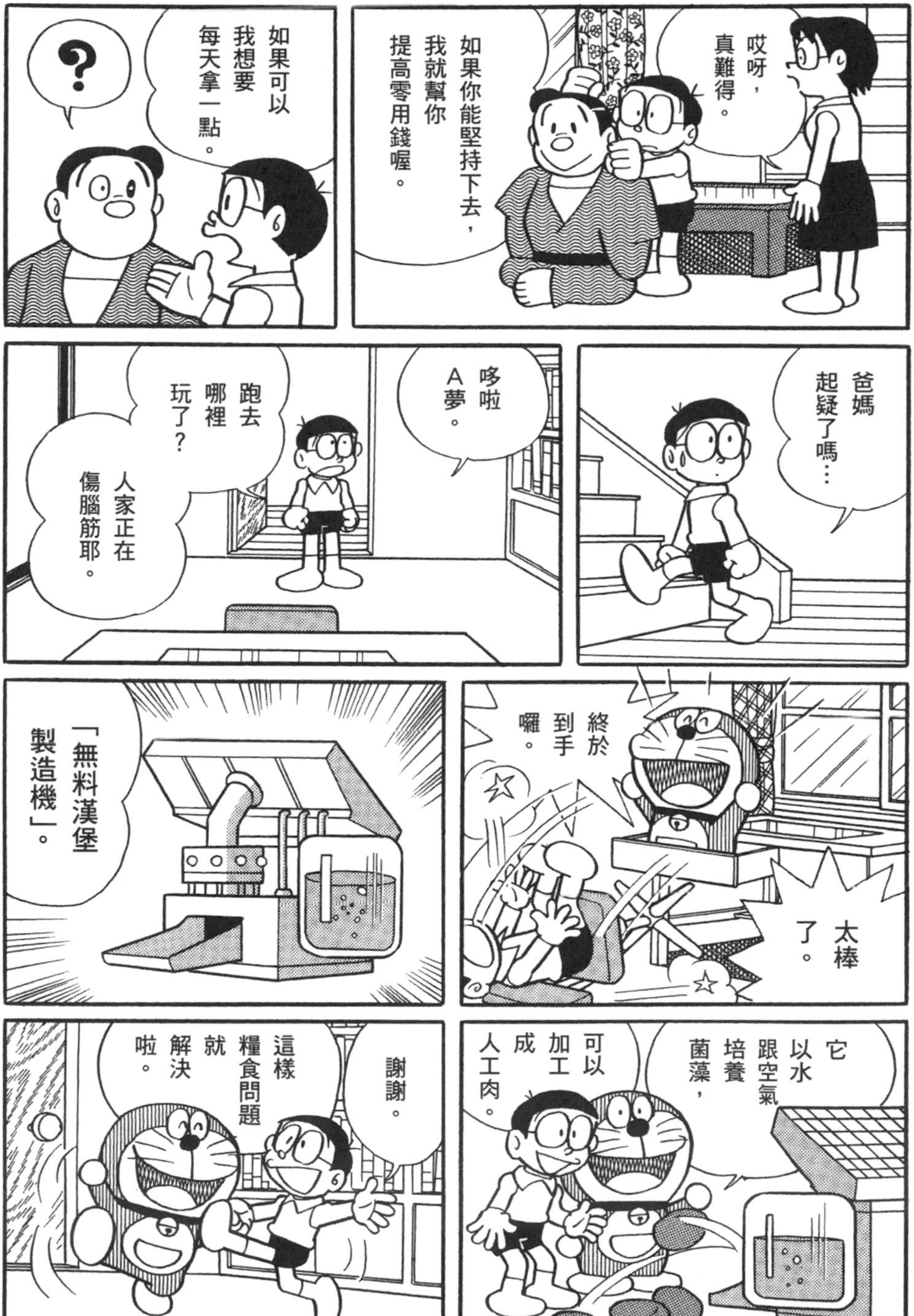
哎呀，真難得。
如果你能堅持下去，我就幫你提高零用錢喔。
如果可以我想要每天拿一點。
?
爸媽起疑了嗎……
哆啦A夢。
跑去哪裡玩了？
人家正在傷腦筋耶。
終於到手囉。
太棒了。
「無料漢堡製造機」。
它以水跟空氣培養菌藻，
可以加工成人工肉。
謝謝。
這樣糧食問題就解決啦。

A 假的。三葉蟲的同類在二疊紀末期全都滅絕了，在那以後的時代不曾再被發現過。

我好像聽到院子有貓狗的叫聲。
是聽錯了吧。
一定有，不過不知道究竟躲在哪裡。
明天我會徹底找一遍!!
有點事耽擱了。
在那座古老的遺跡裡發現像電線的東西？
還有類似腳踏車、飛機的物品喔。
那麼進步的文明為什麼會消失呢？
還在講遺跡的事。
拿去丟掉。

神祕化石時光布Q&A

Q 史上最大的菊石化石是從三疊紀的地層中發現的。這是真的嗎？

沒辦法，我們已經盡力了啊。
隨便找個遙遠的深山。
接下來你們只好自食其力了。
這、這是怎麼回事!?
山裡都是野狗!!
我想起來了!!
新聞報導說衛生所的籠子壞掉，所以野狗都逃出來了。
你們有同伴應該比較放心吧…

A 假的。最大的菊石化石的直徑大約2公尺，是從白堊紀後期的地層中發現的。

……
快進來啊。
怎麼了？
大雄你仔細想想，牠們以後究竟會怎樣…
山裡沒有那麼多糧食可以吃，
野狗們只好到村子裡偷吃雞……
而跟人類搶食物的結果……
牠們全部都會被殺死啊!!
什麼!?
結果用「縮小燈」把牠們全帶回來了…
現在該怎麼辦。
被媽媽發現的話可就吃不了兜著走了。
但牠們真是太可憐了。
活在世上卻沒有地方可以生活下去。
是人類不好，竟然任意棄養動物!!
沒錯。
人類就是這麼自私的生物……

Q 生活於二疊紀的蛙類祖先沒辦法跳躍。這是真的嗎？

A 真的。蛙類演化成能夠跳躍，是在進入三疊紀之後。

對了!!
將牠們送到沒有人類的古代生活!!
順便把附近的野狗野貓一起帶去。
這是約三億年前，
時間比恐龍時代還要更早。
這裡沒有會欺負貓狗的動物。

Q

三疊紀時期的空氣中，氧氣含量要比現在來得少。這是真的嗎？

ワンワン
ニャーニャ
クンクン
ミィミィ
※汪汪…
※喵喵…
來到了更廣大的世界囉，
你們不用再害怕了。
阿一，你要帶領大家好好相處喔。
話說回來……
這個世界有東西可以吃嗎？
是有一些昆蟲或原始爬蟲類生物。
狗會操縱這台道具嗎？
不可能吧。
「進化退化放射線槍」。
讓牠們進化到能夠操縱道具。
最高能量加快速度。
※嗶嗶嗶嗶
ピピ
ピピピピ
ピ

A 真的。一般認為由於二疊紀末期環境變化的影響，樣氣含量大約比現在少了10％。

站起來了！
看牠的臉，牠已經比你還聰明了喔。
首先要開啟總開關，將培養機的蓋子打開，接著啟動抽出蛋白質滾筒，然後……
※按按按
ポン
ポン
ポン
成功了!!比我還聰明呢！
你那麼勇敢一定會是個好領袖。
再見了。
安心自在的生活下去吧。
※汪嗚
ワウン
貓狗在很久以前也是不需人類照顧就能生存下去，
所以不用為牠們擔心。

Q 在三疊紀時期，有著只在腹側有殼的烏龜。這是真的嗎？

隨著遺跡挖掘得越深入，謎團就逐漸增多。
距今大約三億年前這個都市就已十分繁盛。
此時人類尚未誕生，究竟是什麼生物居住……
聽到了嗎？
這實在太不可思議了。
根據建築物的出入口以及家具等推斷，居民的身高…
竟意外的矮小。大約是一般貓狗的高度。
啊~
難不成是……!!
要去哪？

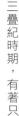

A 真的。從三疊紀的地層中發現的半甲齒龜（*Odontochelys*），背側的殼不發達，只有腹側有殼。

進化退化放射線好像沒有關閉。
去那時的一千年後看看。
啊!?
才過了一千年而已就……
可是都沒有半個人在呢。
這個都市就是三億年後被挖掘出來的遺跡?
好像是這樣沒錯。

找看看有沒有人。
好雄偉的建築物。
是什麼呢？
好像神殿。
那是神的雕刻？
喂！大雄!!
有人過來了。
阿一!!
阿一？
我曾聽過這名字。
對了，我有位祖先就是這個名字，他是好久以前我國的初任元首。

神祕化石時光布Q&A

Q 最初的哺乳類誕生於三疊紀。這是真的嗎？

不過我們就要離開了。學者預言今後地球氣象會有大變動，我們要移民到更好的星球了。
再見了。
我只是忘了拿東西才回來的。
阿一牠們建立了一個了不起的文明。
或許有一天……
我們跟阿一的子孫會在某個星球碰面呢。
這是從神殿遺跡挖到的神像雕刻。你看！跟大雄好像呢!!
哈哈，真是傑作。

A 真的。一般認為最初的哺乳類最大也只有貓咪般大小，大多都只有老鼠那麼大而已。

這是約三億年前。
時間比恐龍時代還要更早。

因水邊生物的生存競爭而演化出多樣生命的二疊紀

種子和卵都以內陸為目標演化

從石炭紀到二疊紀都很繁盛的蕨類植物和兩生類，雖然都已經適應了陸地上的生活，但不論是以孢子繁殖的蕨類植物，或是將被果凍狀的膜包住的卵產在水中的兩生類，為了要留下子孫，潮溼的水邊環境就是必要的。於是水邊就成為許多生物展開生存競爭的激戰區。

影像提供／日本國立科學博物館

▲◀舌羊齒原本是幫葉片化石命的名字。

插圖／加藤貴夫

為了要把活動範圍從水邊擴展到更大的區域，就必須演化出能夠耐受乾燥或是環境變化的繁殖方式。

屬於種子蕨類植物中的舌羊齒，在葉子的基部有小葉片重疊，以便保護孢子，這是原始種子的開始。保護孢子的葉片後來演化成保護種子的殼，變成能夠製造出種子的植物，稱為「裸子植物」，就是現在松樹及銀杏的祖先。

在兩生類之中，也出現能夠以羊膜這種在卵裡面很重要的膜來保護卵的羊膜類，以便承受環境變化。在羊膜類之中，又再演化出能夠產下更為堅固的殼的爬蟲類。而後，繁殖力強的爬蟲類又再回到水邊。中龍便是適應水中生活的爬蟲類，從二疊紀前期的地層中找到許多牠們的化石。

◀中龍是在初期繁榮的爬蟲類。

影像提供／日本國立科學博物館

在二疊紀繁榮的各種單弓類

所謂單弓類，是指在觀察其頭骨時會發現其兩眼後方各有一個稱為「顳顬孔」的洞的動物，這是跟現生哺乳類共通的特徵。單弓類就是包含我們人類在內的哺乳類遠祖。

在二疊紀初期繁榮的單弓類中，有體長可達三公尺左右的異齒龍。牠最主要的特徵是有著蜥蜴般的體型，從脊椎骨伸出長長的棘，以及在背上有著大片帆狀的構造。二疊紀初期正逢冰河期的末期，環境相當寒冷。一般認為大型的帆狀構造，對於照射太陽光讓身體變暖是有幫助的。異齒龍這個名字的意思是兩種牙齒，因為牠們具有用來戳刺的長牙齒，以及又尖又小的牙齒等兩種。

二疊紀後期，單弓類之中又以獸弓類這群動物更為繁榮。雷賽獸龍的體長約為一公尺，前腳是往橫向突出的原始型構造，但是後腳卻像現生動物一樣直直站立，也許已經能夠跑得相當快了。牠們的口中有長牙，一般認為那對捕食獵物有所幫助。

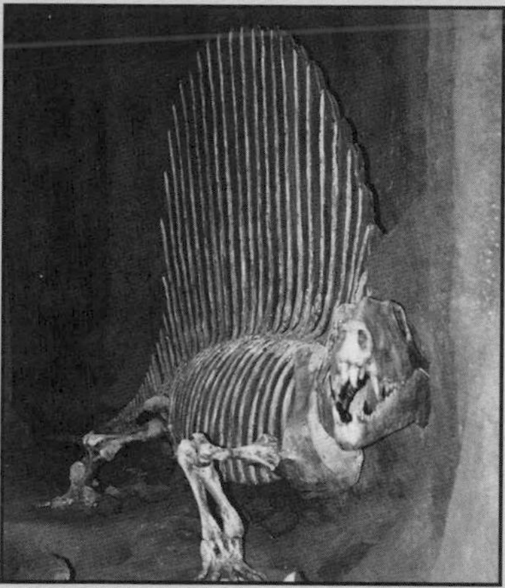
▲背部有帆的異齒龍。

影像提供／冨田幸光　插圖／加藤貴夫

© Linda Bucklin/Shutterstock.com

這個世界有東西可以吃嗎？
是有一些昆蟲或原始爬蟲類生物。

生物史上最大的大滅絕以及新爬蟲類的出現

襲擊生物的兩次大量滅絕

P-T界線的大量滅絕

史上最大規模的火山爆發

陸 ➡ 由於火山噴發物遮蔽了陽光，導致植物無法生長。

⬇

植食動物由於沒有食物而死亡，肉食動物也因為沒有食物而消失，於是大多數的陸地生物都滅絕了。

⬇

幾乎所有的生物都滅絕了

海

⬇

地球暖化，海流起了變化。

⬇

在海洋，由於表層的氧氣無法抵達深海，造成海中的氧氣不足，發生超缺氧事件(Super Anoxia)，許多生物都滅絕了。

插圖／佐藤諭

最初的環境變化大約發生於距今兩億六千萬年前，海平面急遽的變低。一般認為就是因為如此，導致許多淺海生物失去了棲息場所而滅絕。另一方面，陸地的環境也出現了變化，在二疊紀演化出的爬蟲類，二十六個類群之中有九個滅絕了。

之後，在大約兩億五千萬年前，發生了更大的環境變化。發生的原因有幾種不同的說法，雖然還有許多尚未釐清的部分，不過導火線有可能是大規模的火山活動。自二疊紀末期開始持續了兩百萬年，由於地球內部的地函上升導致史上最大規模的火山活動，西伯利亞地盾(Siberian Traps)就是這個時期火山活動所遺留下來的證據，留下了超過日本國土面積五倍以上大的巨大岩石。

由於這樣的環境變化，導致百分之九十六的海洋物種，以及百分之六十九的陸地物種都滅絕了。這樣的大量滅絕所導致的物種大幅度更新，稱為「P-T界線」。

在漫畫的最後，阿一後代中的學者所預言的地球氣象大變動，也有可能是類似這樣的大量滅絕。

大量滅絕之後的復甦 從海洋開始

從大約兩億四百八十八萬年前宮城縣的地層中所發現的歌津魚龍，是體長在兩公尺左右的一種初期魚龍。魚龍是一種完全適應海洋生活的爬蟲類，外型演化成和現生的海豚非常相似，可以說是不同種類的生物在適應相同環境之後，演化出相似外型的「趨同演化」的代表例子。從大量滅絕以後的數百萬年間，雖然在大海裡很有可能持續受到缺乏氧氣的超缺氧事件的影響，但是大型的海生爬蟲類為了生存，就有必要恢復以此為食的海洋食物鏈。於是一般認為在這個時期，海洋的食物鏈開始恢復的可能性非常高。

攝影／大橋賢　日本國立科學博物館收藏

▲哥津魚龍。左側是尾部，右側是頭部。

在《大雄與小恐龍》中的小嗶 是一種蛇頸龍

跨越大量滅絕往海洋前進的另外一種爬蟲類，是一種蛇頸龍。皮氏吐龍（*Pistosaurus*）是從三疊紀中期左右的地層中發現，體長約三公尺左右的初期蛇頸龍類，具有鰭狀的腳。蛇頸龍類主要分為兩種演化途徑，一類是脖子短而頭大的上龍，另一類是脖子長頭小的蛇頸龍，並且變得比魚龍還要繁盛。在《大雄與小恐龍》中的小嗶是以白堊紀登場的蛇頸龍——雙葉龍為模特兒的。雖然魚龍和蛇頸龍都是和恐龍相同時代的大型爬蟲類，但牠們不是恐龍。牠們在三疊紀初期分支出來，適應了水中環境，演化成和恐龍不同的生物。

▲皮氏吐龍的特徵是脖子很長。

插圖／高橋加奈子

三疊紀不論陸地或天空都是爬蟲類的世界

三疊紀最強的鱷魚祖先們

在三疊紀陸地上伸展勢力的爬蟲類並不是恐龍，而是一種稱為脛跗類群的動物；牠們雖然不是鱷魚直接的祖先，卻也是其近親。一般認為這個時期的脛跗類群並不像現在的鱷魚那樣彎曲著腳爬行，而是在身體下方具有幾乎是垂直伸長的腳，以其抬起身體，並且能夠迅速的移動。迅猛鱷是體長超過四公尺的大型脛跗類群，連體型還沒有變大的早期恐龍也都是牠們的獵物。

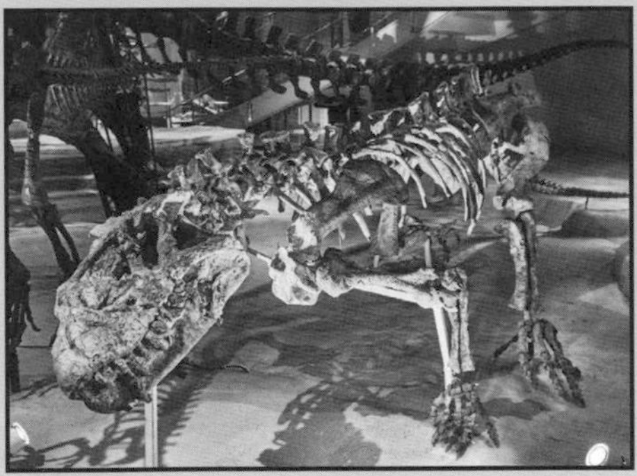

影像提供／日本國立科學博物館

▲在南美洲的巴西發現的迅猛鱷。

開始演化的恐龍及其近親們

一般認為初期的恐龍大約是在兩億三千萬年前登場。從現在阿根廷的三疊紀地層中也有化石被發掘出來。曙奔龍是最古老的恐龍之一，雖然體長只有一公尺左右，卻具備了演化成強力肉食恐龍的獸腳類特徵。同樣為最古老恐龍之一的始盜龍雖然體長只有一公尺左右，牙齒的形狀卻已經有後來演化成數十公尺大的龍腳型類的基礎。在繁榮的脛跗類群類的陰影下，恐龍類也開始為了爾後的繁盛做好準備。

▼最古老的恐龍之一——曙奔龍。

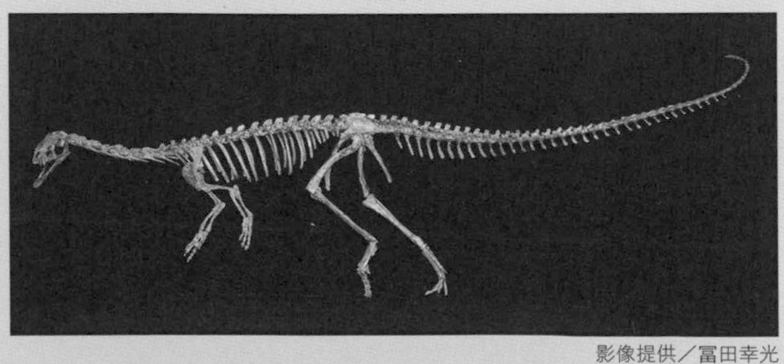

影像提供／冨田幸光

攝影／大橋賢　日本國立科學博物館收藏

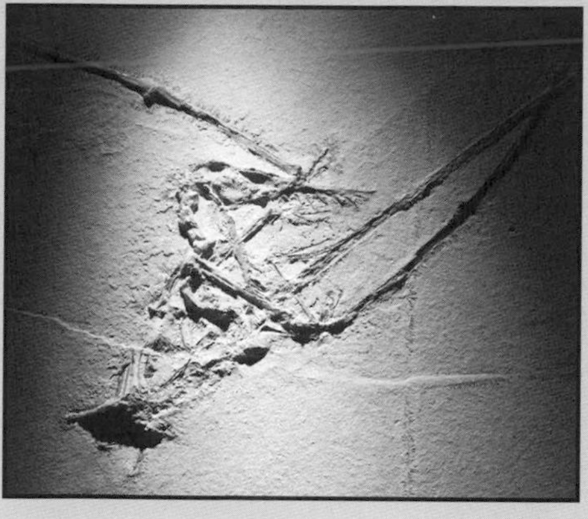

◀以長長延伸的指頭支撐著翅膀、翱翔於天空的真雙型齒翼龍。

往天空飛去的翼龍類

爬蟲類往天空發展的挑戰始於二疊紀。在小型爬蟲類中，也有讓肋骨伸長、成功展翼在空中滑翔的種類。在三疊紀時翼龍類登場，牠們具有大型膜狀翅，是能夠自在的在空中飛行、進出空中的爬蟲類。翼龍的翅膀是由前腳進化而來，只有無名指變得很長，支撐著一半以上的翅膀。

真雙型齒翼龍是初期的翼龍，翅膀展開時的大小約為一公尺，具有長長的尾巴。牠們是從大約兩億兩千五百萬年前的海邊地層中發現的。由於在化石的周圍也發現了魚類的鱗片，所以一般認為牠們可能是以魚類為主食。

特別專欄

三疊紀末期的大量滅絕

隨著大約 2 億 5000 萬年前的 P-T 界線大量滅絕，從寒武紀起一直延續的古生代也隨之結束；三疊紀的起始，是又被稱為爬蟲類時代的中生代的開始。

存活下來的爬蟲類與牠們的近親適應了其他生物滅絕之後所留下來的領域，不斷的擴大活動範圍，並且由於「適應輻射 (adaptive radiation)」，不論陸海空通通有了牠們的蹤跡，族群非常的繁榮。

可是在大約 2 億 150 萬年前的三疊紀中期，再度發生了 50% 至 75% 的生物都消失的大量滅絕。

被認為造成這一次大量滅絕最有可能的原因，是發生於大西洋中央岩漿分布區域的大規模火山爆發。

三疊紀從 P-T 界線的大量滅絕開始就一直持續著溫暖的環境氣候，再加上因火山活動而重疊的溫暖化之後，很可能就變得不再適合生物生存。另外還有一種說法認為，三疊紀末期的大量滅絕與製造出加拿大曼尼古根隕石坑 (Manicouagan Crater) 的隕石撞擊有關係。

總之，三疊紀是以大量滅絕開始，也以大量滅絕終結。

在這些由於這種大量滅絕而消失的生物領域中，能夠適應輻射的是恐龍和牠們的近親。而緊接在三疊紀之後的中生代侏羅紀及白堊紀，是恐龍們的時代。

自然觀察模型系列

哇——好大的恐龍模型。
從沒見過這麼棒的模型。
這可不是普通的模型喔！這叫GK模型。
是限量發售，在百貨公司是絕對買不到的。
就算你們想要，也大概買不到吧！
好棒喔……
好羨慕喔……
好吧！
大雄剛剛說「好吧」？一定有問題……
每次一讓那傢伙看到什麼，就會立刻哭著跟哆啦A夢要……

Q 在侏羅紀時發生了地球暖化。這是真的嗎？

好啦~哆啦A夢~
嗯？稀奇的塑膠模型？
在二十二世紀應該有很多吧？
那是當然的啊！
比方說「二十二世紀的東京」就很受歡迎。
縮小成百分之一的比例，將東京的建築物、地下街和交通工具，都變成精密的袖珍模型。
我想要！
但是，要有比東京巨蛋還大的房間，而且，要花三十年的時間才能完成。
沒有快一點的嗎？
你要做嗎？
我勸你還是算了吧！從以前到現在不知做了幾個，但是沒一個完成的，每次不是做壞就是半途而廢……
別說那麼冷淡的話嘛！

A 真的。目前已知由於火山活動產生了大量的二氧化碳，導致平均氣溫比現在高了將近攝氏10度。

我知道了啦。
「演化模型」No①。
這是什麼？
那是裝飾台，這個小東西才是主角。
先用接合劑黏起來。
太小了，好難黏喔。
我來組合裝飾台。
把那個擺在葉子上。
然後呢？
這樣就好了。

Q 有菊石化石是由寶石形成的。這是真的嗎？

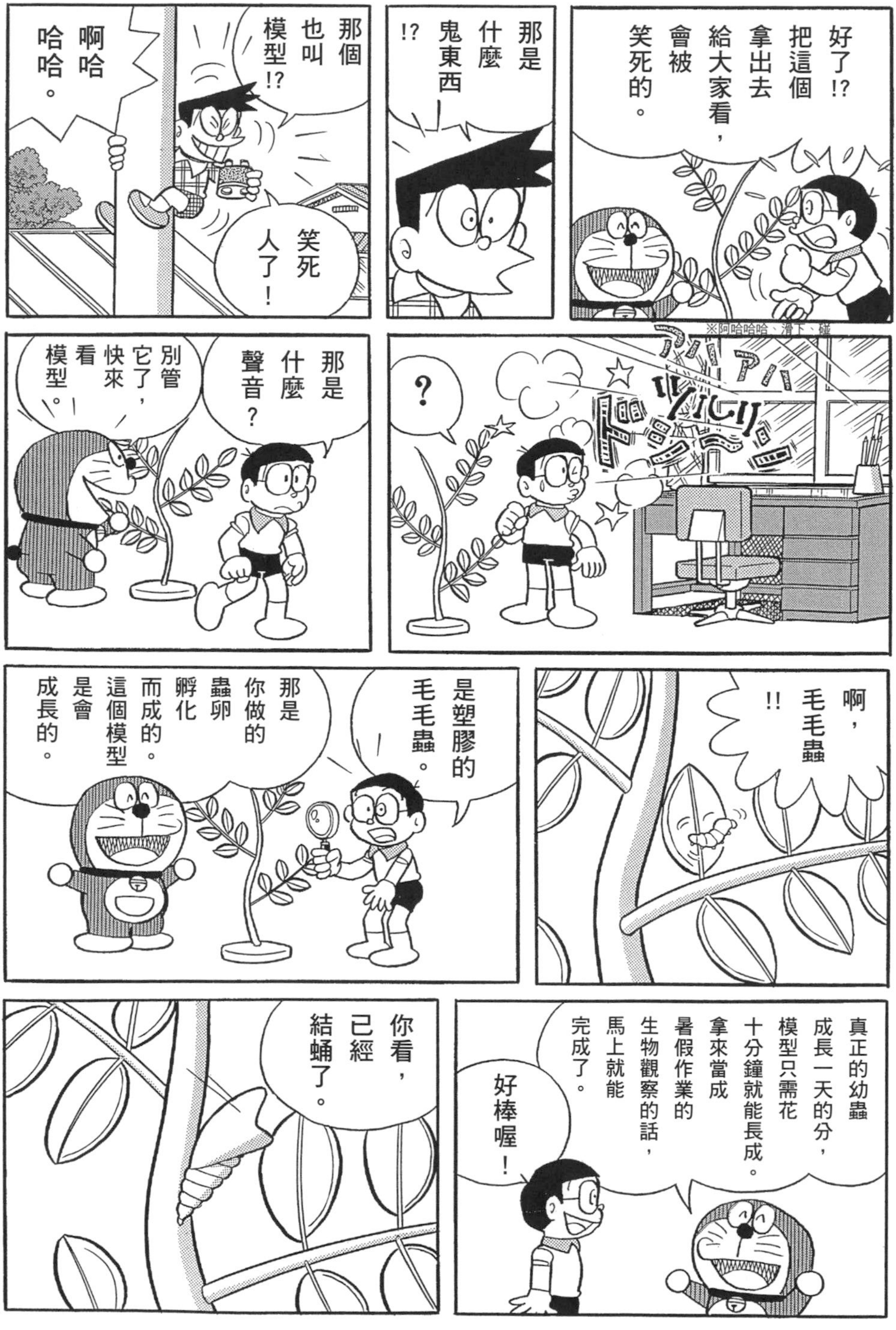
好了!?把這個拿出去給大家看，會被笑死的。
那是什麼鬼東西!?
那個也叫模型!?
笑死人了！
啊哈哈哈。
※阿哈哈哈、滑下、碰
?
那是什麼聲音？
別管它了，快來看模型。
啊，毛毛蟲!!
是塑膠的毛毛蟲。
那是你做的蟲卵孵化而成的。這個模型是會成長的。
真正的幼蟲成長一天的分，模型只需花十分鐘就能長成。拿來當成暑假作業的生物觀察的話，馬上就能完成了。
好棒喔！
你看，已經結蛹了。

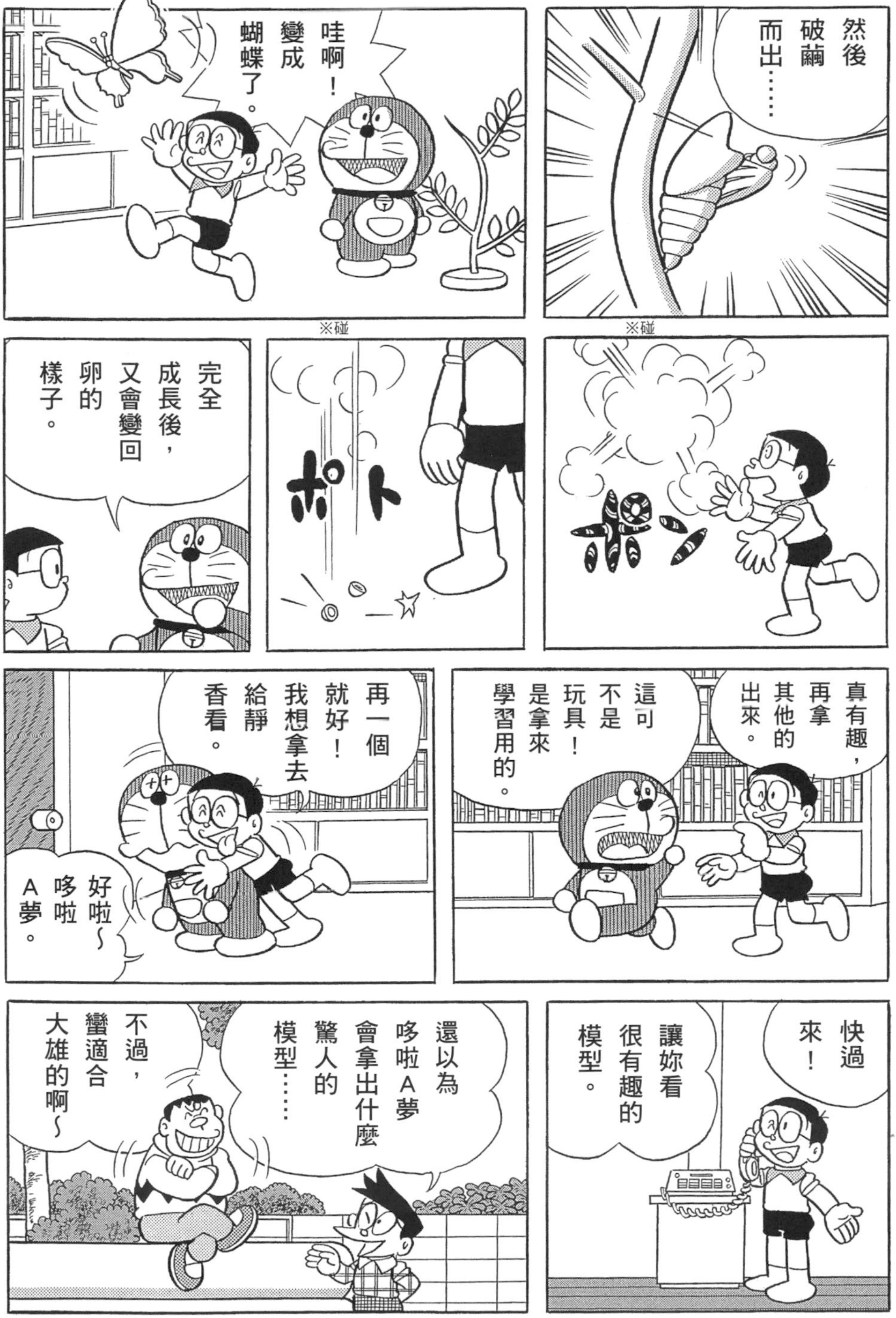
然後破繭而出……
哇啊！變成蝴蝶了。
※碰
ポン
※碰
ポト
完全成長後，又會變回卵的樣子。
真有趣，再拿其他的出來。
這可不是玩具！是拿來學習用的。
再一個就好！我想拿去給靜香看。
好啦～哆啦A夢。
快過來！
讓妳看很有趣的模型。
還以為哆啦A夢會拿出什麼驚人的模型……
不過，蠻適合大雄的啊～

A 真的。由珠母層外殼所形成的化石會映照出彩虹般的顏色，名字也跟菊石的英文Ammonite很像，稱為斑彩石（Ammolite）。

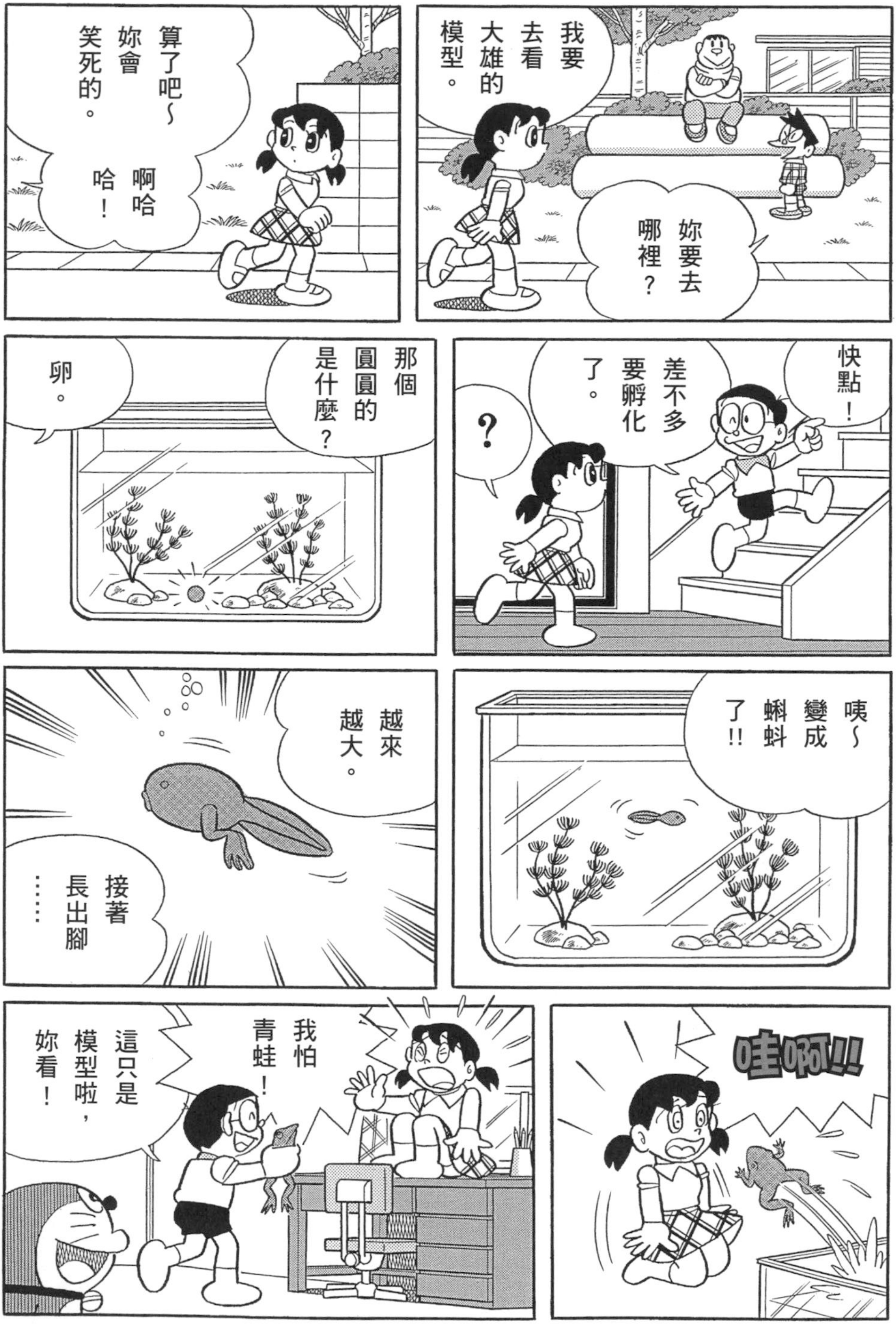
妳要去哪裡？
我要去看大雄的模型。
算了吧～妳會笑死的。
啊哈哈！
快點！
差不多要孵化了。
？
那個圓圓的是什麼？
卵。
咦～變成蝌蚪了!!
越來越大。
接著長出腳……
哇啊!!
我怕青蛙！
這只是模型啦，妳看！

神祕化石時光布Q&A

Q 有一種化石是以「日本的石頭」之意而命名為奇異日本菊石(Nipponites)。這是真的嗎？

A 真的。奇異日本菊石外殼的螺旋紋路呈特殊形狀，是白堊紀後期的一種菊石。

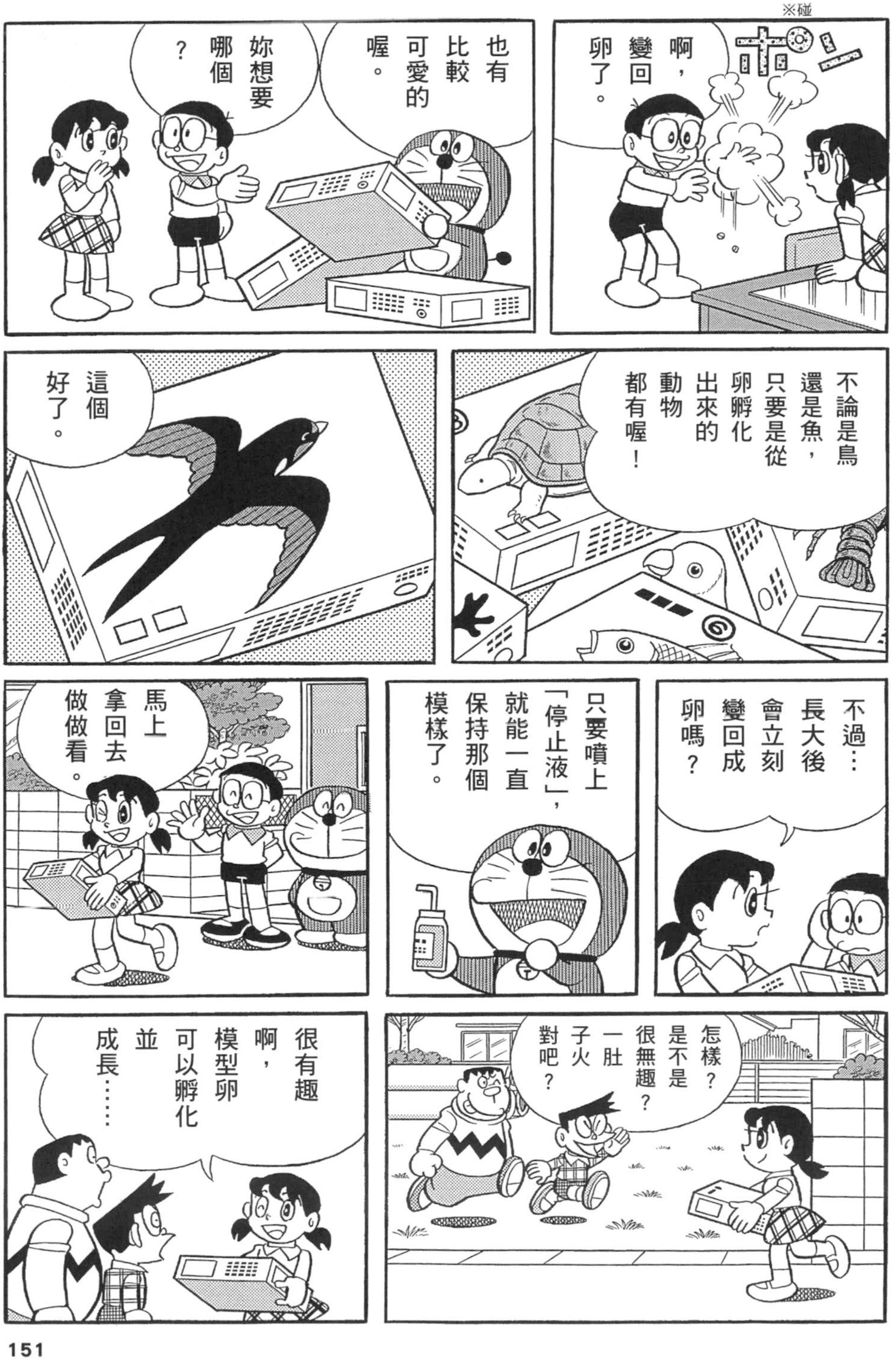
※碰
ポン
啊，變回卵了。
也有比較可愛的喔。
妳想要哪個？
不論是鳥還是魚，只要是從卵孵化出來的動物都有喔！
這個好了。
不過…長大後會立刻變回成卵嗎？
只要噴上「停止液」，就能一直保持那個模樣了。
馬上拿回去做做看。
怎樣？是不是很無趣？一肚子火對吧？
很有趣啊，模型卵可以孵化並成長……

騙人！模型怎麼可能成長？
是、是啊！
但是，我好在意……
燕子!?
現在是二月耶！
剛才的模型卵又產卵了。
哆啦A夢，小夫要拿一個走。
喂，不可以亂來。
啊，是老鼠卵。
呀啊—我最怕老鼠了！
老鼠哪會產卵啊!?
被拿走了嗎？
哪一種？
最大的那個，連「停止液」也被拿走了。

神祕化石時光布Q&A

Q 有找到過由恐龍糞便變成的化石。這是真的嗎？

不愧是最大的！
只要將這兩個黏起來就行了嗎？
快快長大吧！
リ・リ・リ・リ
リ・リ・リ・リ
※鈴鈴鈴鈴鈴
來了、來了。
大雄、哆啦A夢，你們快來啊!!
這隻是巨超龍，還會繼續長大喔！
因為你噴了「停止液」，所以再也不會變回恐龍卵了。

A 真的。有發現過各種恐龍的糞便化石，其中還有暴龍的糞便化石呢！

恐龍的時代和侏羅紀一起開始

恐龍們的兩大類

恐龍分成鳥臀類和蜥臀類兩大類進行演化，這兩大類可以從骨盆的骨骼構造分辨出來。雖然鳥臀類的骨骼結構和鳥類很像，卻跟現生的鳥類沒有關係，牠們在背部和頭上有盔甲或是裝飾，是以四隻腳步行的植食性恐龍。蜥臀類中包含了以兩隻腳步行的肉食性獸足類，以及植食性並演化成最巨大陸地生物的蜥腳類。

插圖／加藤貴夫

▼ 恥骨和坐骨平行。

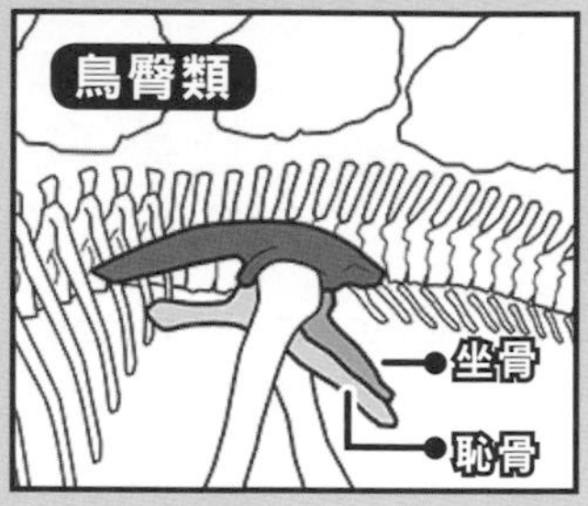

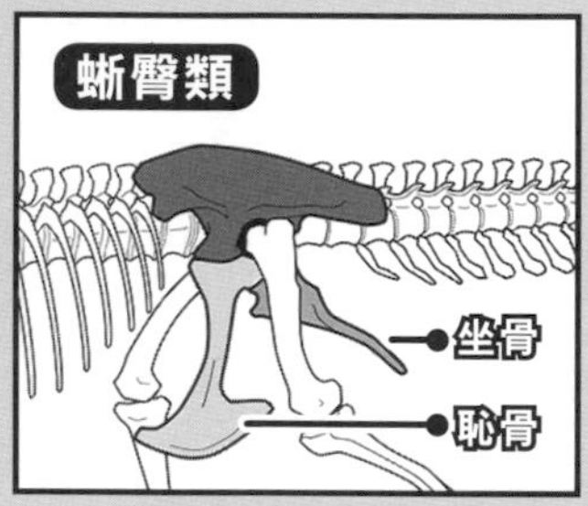

▲ 恥骨朝向下方。

演化成植食性的鳥臀類

在古生代期間，有許多動物都是肉食性動物。雖然一般認為只吃不會動的植物，應該比吃肉要來得簡單很多，但是和魚及其他動物的肉有很大不同的地方是，如果想要把植物當成營養攝取來源的話，需要演化出具有能磨碎植物纖維的牙齒，以及用來消化的長長內臟等能適應植食性的結構才行。一般認為初期的鳥臀類雖然原本是以兩隻腳步行，卻隨著演化而變成以四隻腳步行。劍龍是在背部具有大型裝飾的裝甲類恐龍，背上的裝飾好像是用來對周圍做展示使用。

▼ 侏羅紀的代表性植食性恐龍——劍龍。

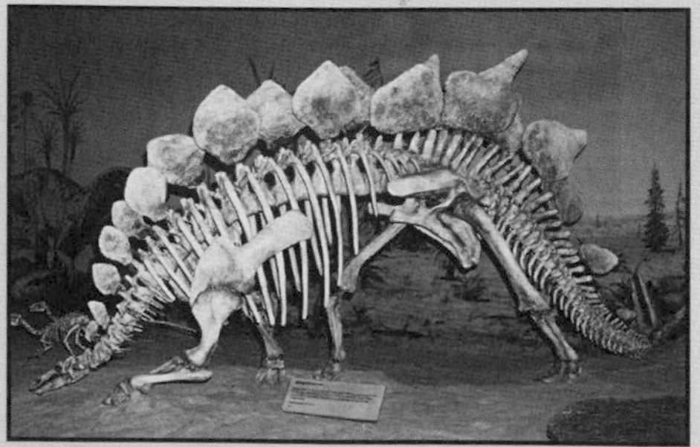

影像提供／冨田幸光

肉食性恐龍和巨大恐龍也都是蜥臀類

蜥臀類又可以再分成兩大類。

獸足類從一公尺以下的小型種到超過十公尺的大型種，幾乎全部都是以兩隻腳步行的肉食恐龍。異特龍被稱為侏羅紀最強的獵人，體長約十二公尺；牠們口中排列著既薄又銳利的牙齒，適合把肉撕裂，前腳上還長著溝爪。

▲ 侏羅紀時期的陸地最強生物——異特龍。

影像提供／冨田幸光

原蜥腳類則幾乎都是植食性的恐龍。自從石炭紀以來，幾乎沒有能夠取食長在樹木高處葉子的生物。原蜥腳類巨大並有長頸的外觀，被認為是演化成能夠選擇樹木葉片做為養分來源，並且能以良好效率進食。雖然初期的原蜥腳類是以兩隻腳步行，但是隨著巨大化而演化成以四隻腳步行。原蜥腳類雖然沒有醒目的武器，不過巨大的身體卻成了防身的道具。

長頸巨龍是侏儸紀後期的原蜥腳類，體長二十五公尺，體重可達五十公噸。脖子抬高時的高度可以達到十五公尺，這是相當於五層樓高的大樓高度。一般認為牠們是以時速五公里左右的速度一邊移動、一邊過日子。

影像提供／冨田幸光

▲ 長頸巨龍很長的時間一直都被當成腕龍的標本，在 2009 年時才被確認是新種。

誕生於亞洲的小小奇異帝龍

奇異帝龍是相當原始的一種暴龍，發現於中國東北部大約一億兩千八百萬年前白堊紀前期的地層中。其全身的化石幾乎都有被找到，並且已經知道牠們的體長大約為一點五公尺，體重也只有十五公斤左右。雖然從牙齒和口部構造可以確認牠們跟暴龍是同類，不過卻具有頭部與腳很長、指頭數目很多等原始特徵。而最重要一點是，初期的暴龍類是全身被羽毛覆蓋住。

繞行地球的暴龍演化

◀這是奇異帝龍外觀的想像圖。

被羽毛包覆著的大型羽暴龍

從奇異帝龍的發現以來，科學家們就開始認為小型的獸足類可能每一個物種都具有羽毛。因為身體小的話，就容易變暖也容易變冷，所以可以用來保溫的羽毛就有其必要性。

可是在二〇一二年發表的羽暴龍雖然是體長大約九公尺的大型暴龍類，一樣全身都被羽毛覆蓋著，這表示羽毛並不只是小型恐龍的特徵而已。雖然羽暴龍的頭部和頸部形狀和演化了的暴龍很像，但是卻具有指頭為三根等古老特徵。

◀被羽毛覆蓋著的羽暴龍。

插圖／加藤貴夫

暴龍的登場

世界上最有名的恐龍應該就是暴龍吧！牠的學名 *Tyrannosaurus rex* 也很有名，*Tyrannosaurus* 是暴君蜥蜴，*rex* 是國王的意思。牠們在距今大約七千萬年前的白堊紀後期於北美登場，是史上最強的肉食動物。牠們的體長大約十二公尺，體重超過六公噸。暴龍之所以會被稱為最強的原因，在於其長度達一點五公尺、寬度達六十公分的頭部，以及其顎部的構造。堅固的顎骨到顳顬孔被粗強有力的肌肉連接著，嚙咬物體的力量比任何生物都強。在最新的研究中計算出暴龍的咬合力是比牠大型的巨獸龍的大約三倍，跟人類相比則是大三十五倍。牠的牙齒有像切肉刀般的鋸齒，最大的牙齒長度包含牙根可達三十公分。另一方面，牠的前腳很短，而且只有兩根指頭。關於移動的速度則有各種說法，從牠們應該幾乎不能跑，到能夠以時速五十公里的速度奔跑的說法都有。嗅覺及聽覺可能也很發達。牠們似乎就是以這樣的身體能力，主要獵捕體長九公尺以下的恐龍為食。

插圖／加藤貴夫

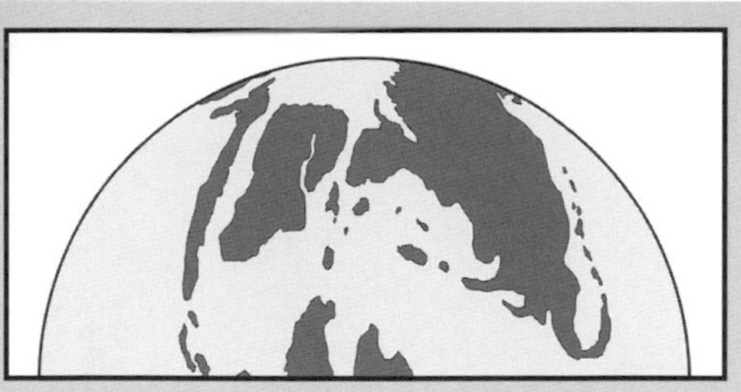

▲ 白堊紀後期的大陸配置。

暴龍類從亞洲或歐洲的某處誕生，經過了幾千萬年的時間，在白堊紀的地球一邊繞行一邊演化，最後在北美洲君臨陸地生物的頂端。

▼ 以把頭部放低、尾部水平伸長的姿勢敏捷活動的獵人──暴龍。

影像提供／冨田幸光

我有看過哦。
咦？在哪裡看到的？

恐龍的時代和白堊紀一起迎接終結

不輸肉食恐龍的植食恐龍演化

演化成植食性的恐龍們，雖然不再具有能夠襲擊獵物的武器，卻仍然具備了防身的力量。侏羅紀的劍龍是以具有尖刺的尾部為武器，而在異特龍的化石之中，也發現過上面有被劍龍的有刺尾部戳出洞的化石。

在鳥臀類的植食性恐龍之中，角龍類的三角龍被認為是外觀演化得最好的恐龍之一。牠們在白堊紀後期登場，只有在北美的地層中被發現。一般認為牠們和暴龍身處於相同的時代與地域，以組成大群生活。牠們體長大約九公尺，頭部周圍有像領飾般的裝飾，額頭上則有兩根長度達一公尺的角，在鼻子上方也有短角，所以總共具備了三根角。若要面對這些角，即使是肉食恐龍應該也占不了太大便宜吧！

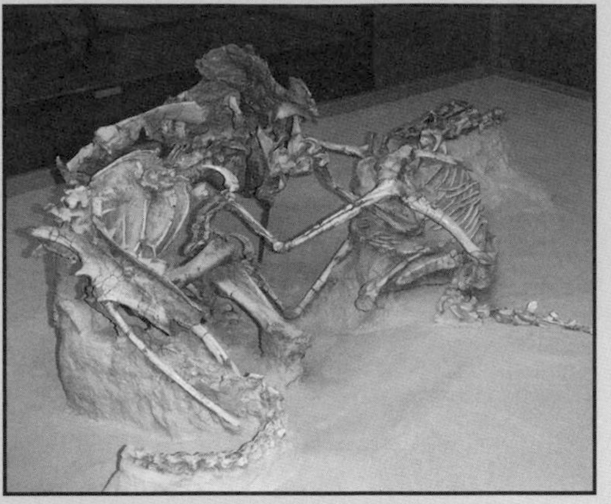

影像提供／冨田幸光

▲▶格鬥中的植食性原角龍及肉食性伶盜龍的化石。

插圖／加藤貴夫

▼三角龍是會將植物扯下來吃的。

影像提供／冨田幸光

插圖／佐藤諭

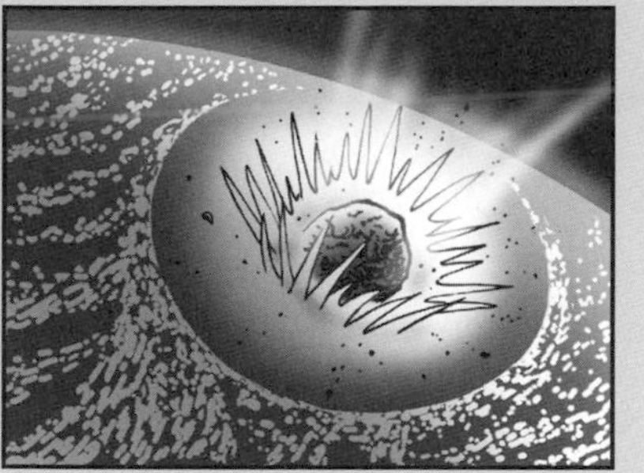

▲ 直徑 10 公里的小行星掉落到淺海之中。

白堊紀末期的大量滅絕 K-Pg 界線

讓爬蟲類大為繁榮的中生代迎向終點的是白堊紀末期的大量滅絕。雖然以前稱為 K-T 界線，但是隨著研究的進步，後面時代的稱呼有所改變，目前已改稱為「K-Pg」界線了。

這一次的大量滅絕，是由製造出墨西哥猶加敦半島北部直徑兩百公里、深度二十五公里的希克蘇魯伯隕石坑的小行星撞擊所造成的。撞擊時的大爆炸，導致噴起的粉塵高度達到一萬公尺以上，遮蔽太陽光的時間估計從幾個月到幾十年之久，導致地球環境急速的寒冷化。同時，因為有大量的酸雨降下，讓海洋環境也產生了劇烈改變。一般認為以恐龍為首，生活於中生代的物種當中有百分之七十五，都在這個時候滅絕了。

殘存的子孫

侏羅紀中期左右，有一類恐龍從獸足類的奔龍中分支出來，並往空中前進。牠們原本就已經獲得了可以用來保持體溫的羽毛，在羽毛發達之後，又演化成具有翅膀。

「始祖鳥」具有大型的翅膀，能夠在空中滑翔，而後再演化成具有發達胸肌，能夠拍翅飛行的鳥類。而在現代的空中很繁盛、整體種類達到一萬種左右的鳥類，正是殘存下來的恐龍子孫。

▼ 始祖鳥是追溯鳥類演化的重要化石。

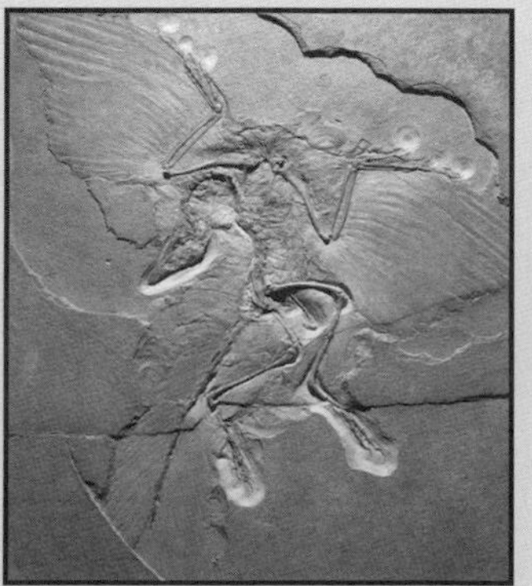

◀ 全身都有羽毛的中華鳥龍。

影像提供／冨田幸光

放射線槍

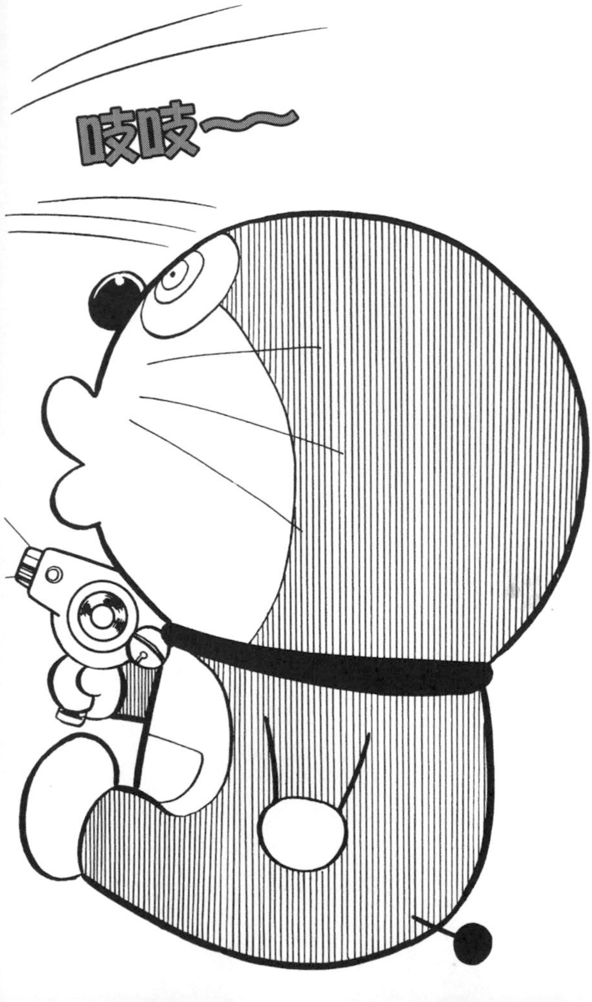
吱吱~~

現在說什麼都沒用！
爸爸那個頑固個性……
這個世界明明每天都在進步。
他卻一點也不想努力追上。
那樣只會被世界潮流淘汰而已。
你究竟想說什麼？
就是收音機啦！你看，現在哪有人還在用十年前的東西啊！

進化退化

現在的收音機都附有很多功能，例如FM、AM、錄音帶等。
我叫爸爸買新的給我，你猜他說什麼？
收音機只要能夠收聽廣播就夠啦！
有這種古板父親，真是孩子的不幸。
雖然你說了長篇大論…
你該不會只是想要一台新的收音機吧！

「進化退化放射線槍」。
好難唸的名字喔！
把按鍵調到十年後……
※震動
※震動
※震動
哇！這是最新型的耶!!
等一下，再讓它更進化好了。
※震動
手錶式收音機。
附有電視、錄音帶和無線電的功能。

神祕化石時光布Q&A

Q 從南美大陸新第三紀地層中發現的大型老鼠大小為何？①貓咪大小 ②山羊大小 ③牛隻大小

這種款式一定沒有人有。
這個道具也可以將物品退化喔！
你再借我一下。
※震動
※震動
※震動
這是收音機剛發明時的樣子。
真的很有趣耶！
我也來讓什麼東西進化好了。
鉛筆。
這是什麼東西？
可印刷一萬字的縮影膠卷
麥克風
三稜鏡
墨水匣
電池
馬達
燈泡
鏡頭

A ③牛隻大小。名字為巨鼠（*Phoberomys pattersoni*），體長約3公尺，體重似乎超過七百公斤。

已經變成「自動式鉛筆」。
只要對著麥克風說話，墨水匣的色素就會透過光壓印在紙上面。
著麥克風說話墨水匣的色素就會透過光壓印在紙上面。
TYOMBOW
電燈會變成什麼樣子啊？
咦？電燈不見了。
在未來的照明裡，天花板和牆壁都是光源。
變成自動門了。
讓家裡的東西進化吧！
不可以！
這個原本是用在，探索生物的祖先以及探索進化過程的道具。

神祕化石時光布Q&A

Q 在有袋類之中，有跟肉食的狼很像的動物。這是真的嗎？

A

真的。在澳洲有「袋鼴」、「蜜袋鼯」等各種各樣的有袋類。肉食的袋狼於一九三六年滅絕。

生物啊……
原來如此，那樣反而比較好玩。
哆啦A夢，爸爸的進化太緩慢了。
我們讓他進化成未來人吧！
那個有點……
好啦！
咻咻……
※變身!!
按鍵轉到退化去了。
趕快變回來啦！
你們在吵什麼啊？
沒事，沒事。
那太危險了，先做過動物實驗再讓爸爸進化吧！

我去找找看有沒有動物。
話雖這麼說，
我也不知道去哪裡找。
這個應該可以吧！
救命啊！
對喔！哆啦A夢會怕老鼠……
算了，我自己來做。
進化幾千年、幾萬年。
不，先讓牠退化，
看看老鼠的祖先吧！
吱吱。
牠的身體好像愈變愈大了。
嚙齒類的祖先，松鼠和兔子就是從這裡分支出去。
哺乳類的祖先，大概是在二億年以前，從爬蟲類進化而成。

Q 駱駝的祖先是先出現於非洲大陸，之後再散布到西亞去。這是真的嗎？

A

假的。駱駝的起源是在北美大陸，然後再廣布到亞洲、非洲。

哺乳類型爬蟲類。
灰龍類，爬蟲類當中最原始的動物。
啊……
怎麼突然變這麼大…
趕快變回原來的老鼠。
吼吼！
哇啊～
不要過來!!

Q

一九六四年在大阪被高中生發現的化石，大小為何？①約2公尺②約5公尺③約8公尺

!! 是怪獸

這…這是什麼？

終於跑掉了。

哆啦A夢！

是恐龍！

是大蜥蜴！

該怎麼辦？

引起大騷動了。

讓捕鼠器進化看看！

A ③約8公尺。那是大約四十萬年前的鱷魚類，依照發現牠的場所而將牠命名為「待兼鱷」。

※偵測
キーン
它會自己去找獵物嗎？
吼吼～
※吸
スポッ
這可不是開玩笑的，快還給我。
再讓我試一次就好。
我要讓爸爸進化。
為什麼要逃走呢？
腦部相當發達，變成大頭。
太過依賴機械，導致手腳退化。
為了不要吸進汙染的空氣，鼻毛變長了。
所以我才叫你不要玩了。

哺乳類的祖先，大概是在二億年以前，從爬蟲類進化而成。

在恐龍消失蹤影的陸地上，哺乳類變得繁盛

撐過大滅絕時代的哺乳類

大約在六千萬年前，到當時為止支配著地球的恐龍們消失了蹤影。以白堊紀末期的大滅絕為界線，以恐龍為中心的爬蟲類時代終結了，而包含人類在內的哺乳類繁榮的新時代——「新生代」則開始了。

▲古第三代的哺乳類，更猴（Plesiadapiformes），被認為是猴類的祖先。

插圖／加藤貴夫

在漫畫之中，大雄使用哆啦A夢的道具，讓老鼠的祖先們復甦。包含老鼠在內的哺乳類祖先，是大約出現於三億年前的單弓類。雖然有著在頭骨的眼睛後方有一個洞等特徵，但是其外觀看起來，卻跟爬蟲類沒有兩樣。

進入中生代之後，初期的哺乳類出現了。哺乳類的特徵是牙齒很大，嘴裡雖然排列著和爬蟲類同樣形狀的牙齒，但是哺乳類就像我們的牙齒一樣有分門齒、犬齒、臼齒，具有依功能而形狀不同的牙齒。其他特徵還有具高度體溫調節機能，屬於內溫性動物（恆溫動物），以及後面會介紹到的生小孩方式，也跟爬蟲類不同。

中生代的哺乳類，不論何者都有著像老鼠或是松鼠的外觀，大部分的體型大小也和老鼠或貓差不多。在恐龍繁榮且巨大化的時代，大多數的哺乳類都是夜行性，低調到像是躲躲藏藏般的生活著。之後當恐龍從陸地消失，哺乳類的演化與多樣性的速度加快，勢力也開始擴大。

▼古第三紀的哺乳類——恐角獸（Uintatherium）的化石。植食，和現生的犀牛很相似。體長約3公尺，在頭部有6支角。

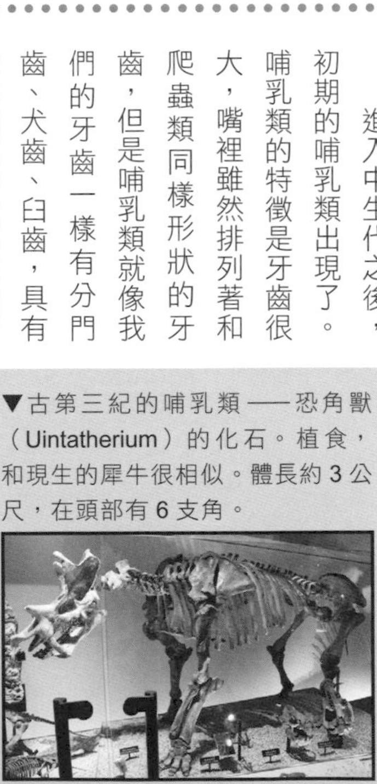

影像提供／日本國立科學博物館

威脅哺乳類的強敵是誰？

哺乳類的多樣化是從中生代開始。雖然大多數是小型並且像躲避恐龍般的生活著，但是其中也有像在中國發現的化石——爬獸一般體長約一公尺、會捕食植食性恐龍幼體的哺乳類。

在被視為所有物種的百分之七十五都滅絕的白堊紀末期，幾乎所有的恐龍都滅絕了，而在哺乳類之中也有許多滅絕的種類。在這一次的大滅絕中，掌握生死關鍵的到底是什麼呢？首先，是體型的大小。體型小的話，即使食物減少，存活的可能性還是很高。再加上比起產卵，直接產子並以自己的乳汁哺育的哺乳類，更能夠確實的讓孩子成長。另外一個原因，在於哺乳類傑出的牙齒設計。具備了臼齒的哺乳類，能夠把存量不多的食物磨得很碎，全部化成營養來吸收利用。

也是有恐龍的子孫殘存下來，那就是鳥類。關於鳥類的起源與演化，雖然還有很多不清楚的部分，不過從新生代初期的地層中，有發現冠恐鳥（Diatryma）等巨鳥的化石，一般認為牠們會襲擊哺乳類。此外，爬蟲類的鱷魚也殘存下來，成為哺乳類的強敵。

插圖／加藤貴夫

▲ 被認為是羽毛恐龍子孫的冠恐鳥。翅膀很小沒辦法飛行。

特別專欄

飛向天空的蝙蝠

現今地球上的哺乳類大約有 5000 種。其中種類最多、最為繁榮的是鼠類（約 2000 種），物種數量僅次於牠們的是蝙蝠類，大約有 1000 種。

在哺乳類之中唯一具有能夠在空中自在飛行能力的蝙蝠，因為特殊的演化讓前肢發達變成翅膀，獲得了飛行能力，得以進入競爭對手相對較少的天空中。從古第三紀初期的地層中已經找到了原始的蝙蝠化石，其外觀和現生的蝙蝠幾乎完全相同。

牠的身體好像愈變愈大了。
嚙齒類的祖先，松鼠和兔子就是從這裡分支出去。

同樣演化的真獸類與有袋類

撐過了大滅絕，在新生代繁榮的哺乳類中有兩大勢力：真獸類及有袋類。真獸類（有胎盤類）是包含現生哺乳類在內的大多數類群，具有在體內孕育孩子的胎盤。另一方面，有袋類則是像現生的袋鼠那樣產下未成熟的孩子，在腹部的袋子（育兒袋）中讓孩子成長。雖然這兩類動物同樣都有演化及多樣化，但是在哺乳類之間的生存競爭中，有袋類輸掉了並且衰退，真獸類則相對繁榮。有袋類只有在一個地方很繁榮，那就是澳洲大陸。

由於真獸類是在體內孕育孩子，雖然對孩子的成長有利，但是對妊娠中的母親卻是很大的負擔。對有袋類來說，最糟的狀況就是放棄孩子的生命，讓媽媽活下來，因此在嚴酷的環境中，應該還是會有對有袋類有利的時候。此外，澳洲大陸和其他大陸分離，對有袋類來說也算是很幸運。而現在，有超過一百種以上的有袋類生活在澳洲。

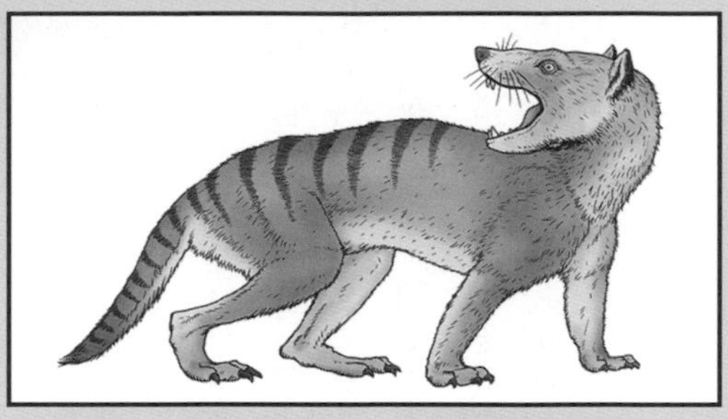
插圖／加藤貴夫

▲ 曾經生活於南美大陸的肉食性有袋類南美袋犬(Borhyaena)，生活型態和現生的鬣狗差不多。

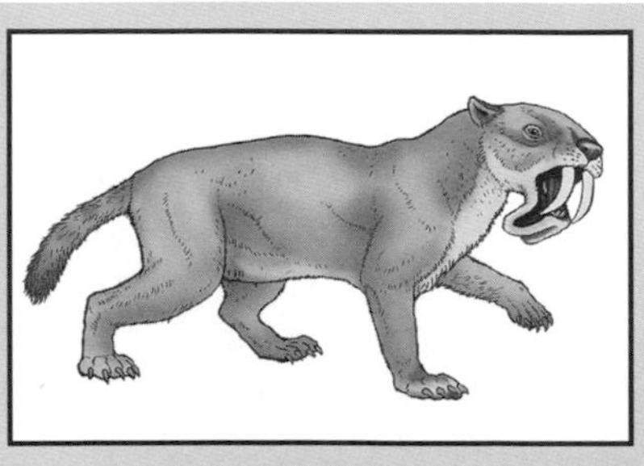

▲ 袋劍齒虎雖然是有袋類，卻和真獸類的美洲劍齒虎非常相似。

▲ 第四紀的哺乳類之王斯劍虎，也被稱為美洲劍齒虎。

插圖／加藤貴夫

影像提供／日本國立科學博物館

▲ 新第三紀，適應了草原的初期馬類草原古馬（Merychippus）的化石。

種類隨著草原廣闊而增加的哺乳類

在大滅絕之後，首先是植食性的哺乳類群增加了，其中也有像恐角獸（請參照第一七〇頁）那樣大型化的種類。彷彿是在互相競爭一樣，肉食性的哺乳類也在這個時期出現了。可是出現在這個時期的哺乳類，大多數都在約三千萬年後就滅絕了。一般認為滅絕的主要原因應該是在古第三紀的始新世末期突然發生了寒冷化。跨越危機的新哺乳類群，在後來有了爆炸性的演化與多樣化。現在的馬和犀牛（奇蹄類）、山豬、鹿及牛（偶蹄類）等具有蹄的有蹄類、長鼻類（大象的同類）等現今大家熟知的哺乳類群，在古第三紀中期（約五千五百萬年前）就幾乎已經全部出現了。

從古第三紀末期到新第三紀，地球的氣候逐漸朝寒冷化的方向前進，隨之出現的是草原。雖然在溫暖的中生代地表被廣闊的熱帶雨林覆蓋著，但是隨著氣溫下降、乾燥化的進展，草原於是取代了森林而開始擴大。

草原和森林不同，幾乎沒有藏身之所，在這種環境進出的植食動物們，究竟應該如何保護自己不受肉食動物的攻擊呢？雖然大型化是很好的方法，不過快速奔跑逃走也很有效。在有蹄類之中，有許多為了這個目的而讓身體結構演化的物種。一般認為馬、鹿、牛等的蹄，也是為了能夠快速在草原上奔跑的演化結果。

特別專欄

產卵的哺乳類

雖然前面已經介紹過真獸類和有袋類的哺乳類兩大勢力，不過其實還有另外一類存活到現在不可思議的哺乳類，那就是鴨嘴獸和針鼴。牠們屬於單孔類。鴨嘴獸是在肚子上溫蛋，針鼴則是把卵產在位於雌性腹部的皺褶狀袋子中。不論哪一種都是以母乳哺育生下來的幼獸。此外，雖然牠們是內溫性動物，體溫卻會依氣溫而變動，體溫調節能力很低。

一般認為單孔類是在中生代初期從其他哺乳類群中分支出來的最原始哺乳類。牠們的化石在白堊紀初期的地層中，也有被發現。

鯨魚和河馬是親戚？

在中生代，有蛇頸龍和魚龍等回到海洋的爬蟲類。同樣的，在新生代時，哺乳類之中也出現了在海中生活的類群，其中的代表就是現在的鯨豚類。

插圖／加藤貴夫

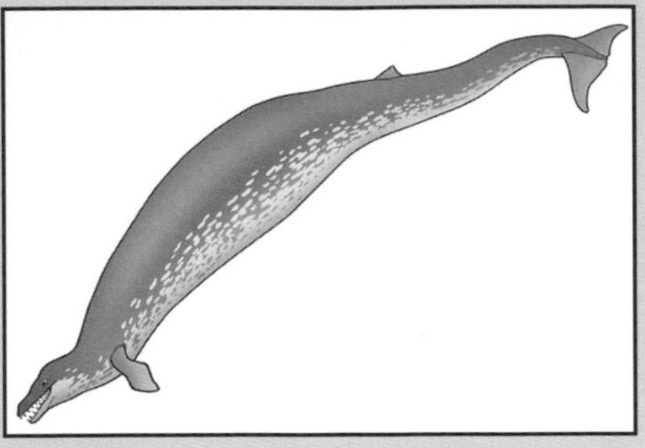

▲ 生活於古第三紀始新世的初期鯨魚──龍王鯨。

從大約五千三百萬年前的地層中發現了被稱為「最古老鯨魚」的巴基鯨化石。從系統學上來看，牠們被視為是河馬的近緣種。正如下圖所示，雖然牠們的外觀和鯨魚相差懸殊，但卻具有和鯨豚類共通的、以骨頭的振動聽聲音的耳骨。而後牠們再從像鱷魚般的外觀演化成前肢變成鰭、後肢退化。一般認為牠們只花了短短的大約一千萬年就演變成像龍王鯨那樣的外觀，急速適應了水中生活。

插圖／加藤貴夫

▼巴基鯨這種鯨魚的祖先是在陸地上生活的。

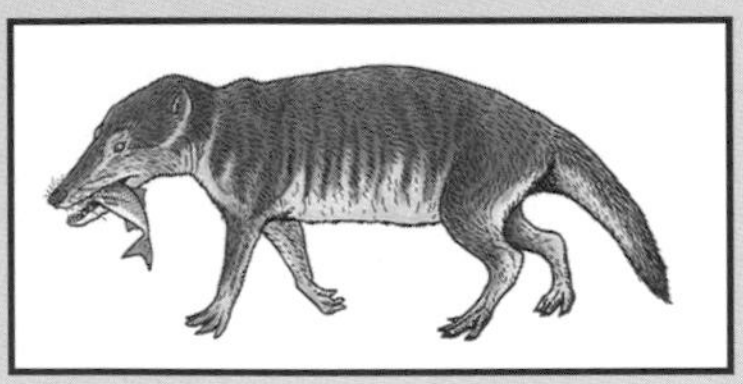

特別專欄

世界遺產「鯨魚谷」

在埃及開羅近郊的沙漠地帶，廣布著新生代古第三紀的堆積層。由於在這裡發現了許多像龍王鯨等的初期鯨魚化石，於是被稱為「鯨魚谷」，並被登錄為世界遺產。

在五千至四千萬年前左右，這一帶形成了特提斯洋（或稱古地中海，Tethys Ocean/Tethys Sea）的廣闊淺灘。鯨魚的祖先巴基鯨的化石，也在面對著當時的特提斯洋的巴基斯坦被發現。特提斯洋有很豐富的生物環境，對鯨魚們來說一定是個很適合生活的場所吧！

回到七萬年前的日本

再見囉。
奇怪？
你家不是在這個方向嗎？
我最近大概都要住在旅館了。
因為我們家正在改建。
改建是什麼意思？
就是重新建造。
因為太擁擠，所以要改建得更寬廣。果然人類不悠閒的過生活的話，連心靈都會變得狹窄起來。
我們大幅的擴建客廳，所以要開大型派對也沒問題。
視聽間則是裝了一百吋的超大螢幕跟立體音響，打造出卡啦ＯＫ專用的舞台……
本來也想順便蓋個室內游泳池的，但那樣實在太誇張了。
雖然跟你們的家比起來大很多，但跟外國相比就差遠了……

Q 在最終冰期（約七萬至一萬年前）時，日本列島和歐亞大陸陸地相連在一起。這是真的嗎？

A 真的。海平面下降一百公尺以上，北海道和大陸連在一起。對馬海峽變得非常淺，麋鹿等大型動物應該也到了日本。

竟然說「外國人說日本的房子是兔子小屋」這種話！
我們也請人幫我們家改建吧。
你突然在說什麼啊？
小夫他家可是……加蓋了有一百吋螢幕的卡啦ＯＫ跟室內游泳池……
比起在衣櫥睡覺，你也比較想在自己的房間睡吧。
想啊!!
我當然想!!
雖然我覺得不可能……但就試著講講看吧。
差不多該改建了吧？
家裡到處都損壞了。
地主他是不會答應的。因為他現在打算在這裡蓋一棟公寓。
地主說的嗎？
地主又是什麼？
就是這個土地的所有人啦。

神祕化石時光布Q&A

Q 從前在日本也有象類存在。這是真的嗎？

那只要把這片土地買下來就好啦。
別說得那麼輕鬆。
這附近的地價漲得很快。
三點三平方公尺就要一百萬圓。
一百萬圓!?
那要是公寓蓋好之後呢？
那我們就只能搬走了。
搬走要搬到哪裡去？
不知道……
暫時還用不著擔心啦。
但是該怎麼說……總覺得……
對了!!
回到以前人類還不存在的遠古時期，在這裡建造我們的家！這樣一來，這附近的土地就會永遠屬於我們的了。
會這麼順利嗎？

A 真的。在新第三紀上新世初期（約五百萬年前）以後，有瑙曼象等5種左右的象類依序在日本生活。

爸爸的公司跟你的學校呢？
搭乘時光機上學不是很酷嗎！你每天送我上下學……
我拒絕!!你把別人當作什麼啊!!
難道沒辦法輕鬆的在這兩邊來回嗎…？
辦不到!!
絕對不可能!!
啊！剛才鬍鬚的末端微微的抖動，哆啦A夢你只要說謊就一定會這樣。
真敏銳……
「隨時海報」。
把想去的時間寫下來就行了。你要去什麼時候？
我想想喔……
之前不是去過七萬年前的日本嗎？那時候的話應該還沒有人類在吧？
這樣就好了！
七萬年前
你貼在那裡會很危險喔。

要是在你去那邊時，媽媽進來房間把那張海報撕掉，
就回不來了。
那就完蛋了!!
那就貼在某個不顯眼的地方……
這裡怎麼樣？
嗯，還不錯啊。
入口打開了。
哇——沒人類居住的日本。
只屬於我們的東京!!
在這裡蓋我們的家吧。
趁沒被別人搶先之前，快點！快點！
不會有人來的啦。用不著那麼急啦。

神祕化石時光布Q&A

Q 黑猩猩和人類的DNA有多少是相同的？①約58% ②約78% ③約98%

「紙房子」。
PAPER HOUSE
剪紙勞作？
這個很堅固喔。
好厲害！比小夫家大多了。
視野真棒啊。
在庭院蓋個游泳池吧。
還要到處蓋別墅，還有溜冰場跟遊樂園……
你要去哪裡？
我去把靜香也叫來。

A ③約98%。和人類相近的大型類人猿，除了黑猩猩之外還有侏儒黑猩猩、金剛猩猩和紅毛猩猩。

我正在唸書沒空。
去偷看一下就好了…
對了，我還有一張海報。
請進。
呀啊!!
？
是把出入口設在二樓的我不好。
惹她生氣了。
過不久她就會理解這裡的好處了。
像這樣看著雲朵飄過……
怎麼說呢？這樣寧靜祥和感覺真好啊……
ブゥン
※嗡
是小黑蚊跟蟲子。
這是個沒有殺蟲劑的時代啊。
ピシャ
ピシャ
※啪
雖然這是好事，但實在太癢了。
還是回家裡睡午覺吧。
※啪

神祕化石時光布Q&A

Q 最古老的人類變成在草原生活之後，才開始能夠用兩腳步行。這是真的嗎？

吼嗚～
?
是狼群啊!!
在這個時代日本有很多老虎或是鱷魚這種猛獸呢。
雖然很棒，可是好危險。
※轟隆
火山爆發了!!
一下子岩漿就已經把草原跟森林吞沒了。
我們的家呢!?
「隨時海報」沒事吧!?
要是沒有那個就回不去了。
已經燒掉了!!

A 假的。雖然以前這樣認為，不過現在則是以在森林中生活時，就已經能夠用兩腳步行的說法最為有力了。

咦？大雄他們還沒回家？
用不著擔心啦。有哆啦A夢陪著他。
是這樣嗎……
有哆啦A夢你陪著竟然還會發生這種事!!
火山會爆發又不是我的錯!!
!?
怎麼了？
那道光是!?
有先在二樓做一個出入口真是太好了!!

地球一點一點的在變冷？

之前不是去過
七萬年前的
日本嗎？
那時候的話
應該還沒有
人類在吧？

反覆造訪的冰河時代

近年來，雖然地球暖化成為很大的問題，不過從長遠的地球歷史來看，現在的地球卻是一點一點的在走向寒冷化。據推測，在中生代白堊紀的年平均氣溫比現在高了攝氏十度以上，當時在北極圈、南極圈都沒有冰床或海冰的存在。但是到了新生代的古第三紀後半開始逐漸寒冷化，到了第四紀時，氣溫極端降低，高緯度地區被冰床或是冰河覆蓋的「冰期」反覆造訪了幾次，迎接了冰河時代。在這一百萬年之間反覆著冰期和間冰期的造訪。只要到了冰期，海岸線就會下降，陸地因而相連，讓動物們能夠往新的土地移動；相反的，當被冰床阻礙而沒辦法移動的時候，對生態系也會造成各式各樣的影響。

▲處於間冰期的現在，高緯度地區仍舊有冰河殘留著。

© Ana de Sousa/Shutterstock.com

特別專欄

地球結凍的時代

目前已經知道從地球誕生以來到現在為止，已經有過好幾次的大型冰河時代。其中最為嚴酷的冰河時代，大約是發生在 7 億年前及 6 億 3000 萬年前左右。不只是極區和高緯度地區而已，就連赤道地區也被冰雪覆蓋，海洋也被冰給封閉。一般認為當時的氣溫可能下降到攝氏零下 50 度左右。

這就是所謂的「全球凍結」。除了由於某種原因讓傳到地球的太陽能減少之外，溫室氣體減少、雪和冰的太陽光反射等也都被認為可能是引發的原因，不過詳細情形仍然不清楚。

一邊忍耐寒冷，一邊苟延殘喘的動物們

活在冰河時代的哺乳類

新第三紀是持續寒冷化的時代。南極大陸被冰床覆蓋，動物消失了身影。另一方面，在取代熱帶林而大規模擴展的草原上，植食性的有蹄類則越來越多樣化。到新第三紀初期為止，雖然是以馬的近緣種為中心的奇蹄類（蹄的數目是奇數）為主要發展，但是從第三紀到第四紀則是偶蹄類（蹄的數目是偶數）擴大勢力。其中最繁榮的是被稱為反芻類的牛科和鹿科等動物。

影像提供／冨田幸光

▼在冰河時代生活於日本的日本大角鹿，具有大型的角。

反芻類具有傑出的消化機能，能夠把已經吞下去的食物再度送回嘴裡咀嚼，以複數的胃來分解、消化難以消化的纖維。在冰河時代，以長毛猛獁象為首，在犀牛和牛的近緣種之中，也有以鬆軟蓬鬆的毛適應了寒冷的物種。在歐亞大陸北部以化石狀態被發現的洞熊，被認為可能是在洞窟裡冬眠的。此外，為了要逃避寒冷，也有遷移到更溫暖地區的物種。

現在的非洲雖然有以牛羚、伊蘭羚為首的許多牛科動物，不過牠們的祖先原本是來自歐亞大陸。雖然動物們會像這樣以各式各樣的方法來尋求活過冰河時代，卻也仍然有許多物種滅絕。

▼和現生的狼很相近的恐狼，是冰河時代的肉食獸。

插圖／加藤貴夫

大象的演化與衰退

在植食性哺乳類之中，有著像犀牛類一樣大型化的類群。在陸地上生活的哺乳類之中，被認為是過去最大的是，奇蹄類的巨犀。根據推測，牠們到肩膀的高度為四點五公尺，體重二十公噸。雖然牠的分類是跟犀牛在一起，不過外觀卻跟馬很像。

象類也是走上大型化路徑的哺乳類。在古第三紀後半出現於非洲北部的大象祖先，似乎是小型且和現生的貘很相似。而後才一邊適應森林或水邊等各種不同的環境，一邊分支成許多的種。牠們在第四紀時前進到歐洲、亞洲、北美、南美大陸，幾乎世界各地都有牠們的蹤影。其中也有像恐象一般，只有在下顎有牙的物種。在北美大陸以化石型態被找到的鏟齒象，在下顎有像扁平鏟子般的牙齒，被認為可能是將水生植物一把把吃掉來進食。

在多樣化之中，雖然身體大型化、牙齒也變發達，不過在大象的演化中最重要的是牠們的長鼻子。大象能夠靈巧的使用牠們的長鼻子喝水池或河川裡的水，也可以攫住樹葉和草放到嘴裡吃。長鼻子對於大型化的大象利用多種環境生存非常有幫助。雖然大象在短期間內有了快速的發展，不過幾乎所有的種類都滅絕了，現在只剩下亞洲象和非洲象這兩種而已。

▲全身被毛覆蓋，適應了冰河時代寒冷氣候的大象——長毛猛獁象。

插圖／加藤貴夫

▼出現於新第三紀的大象——恐象的化石。和其他的大象不同處在下顎有牙。

影像提供／冨田幸光

被人類支配的地球

在這個時代日本有很多老虎或是鱷魚這種猛獸呢。
雖然很棒，可是好危險。

到演化成人類爲止的途徑

一般認為我們人類的祖先——靈長類是出現在古第三紀的初期，當時牠們的外觀和老鼠很相似。在新生代初期現身的更猴（請參照第一七〇頁）雖然外觀看起來像松鼠，卻是一種初期的靈長類。靈長類的手腳發達，讓牠們能夠用來握住樹枝，原本位於臉部兩側的眼睛變成朝向前方，讓牠們的視覺能夠具有遠近感，提升捕捉昆蟲等獵物的能力。現在的狐猴和眼鏡猴，都還保留著這些原始靈長類的特徵。

在新第三紀時，苗猿等初期類人猿出現。根據推測，在現存的大型類人猿之中，紅毛猩猩大約是在一千四百萬年前、金剛猩猩大約是在一千萬年前、黑猩猩及侏儒黑猩猩是在大約七百萬年前，從走向人類的系統中分支出來。現在找到的最古老人類（猿人）的化石，是大約七百萬年前的查德沙赫人，他們是在非洲的中央被發現的。現代人類「智人」的直接祖先，被認為是出現於大約兩百萬年前的「巧人」。不過也有不同的說法。

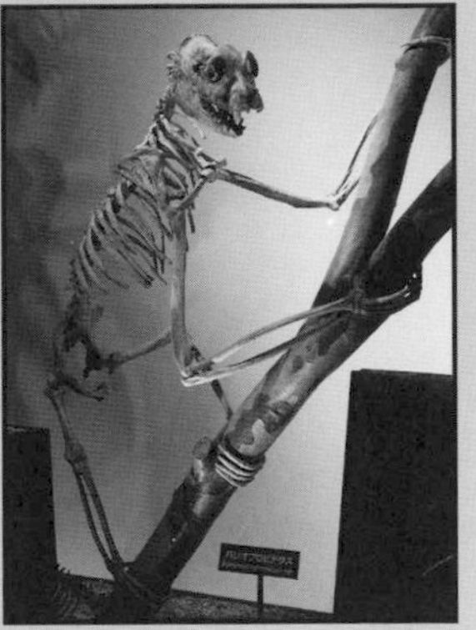
影像提供／日本國立科學博物館

▲ 原始靈長類古原狐猴的化石。

▼ 最初期的類人猿——苗猿的頭骨。

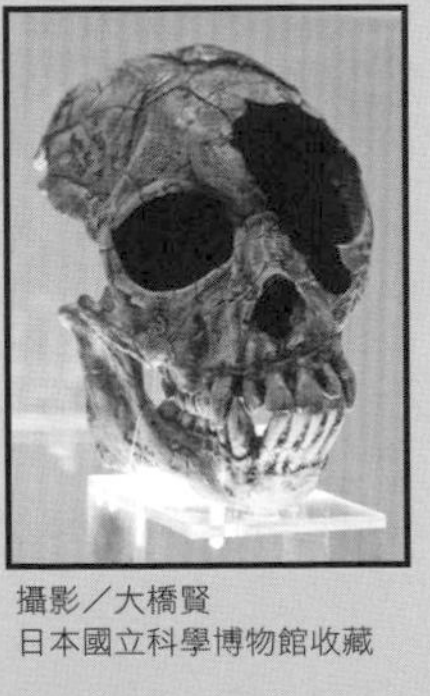
攝影／大橋賢
日本國立科學博物館收藏

▼ 以爪哇原人的名稱為人所知的直立人。

插圖／加藤貴夫

人類把動物們逼到滅絕的地步

到二十世紀中期，人類被認為是歷經了猿人、原人、舊人、新人的階段性演化的單一物種。但是之後在各地發現了各種不同的人類化石，才知道人類也和其他的動物一樣，是經過了多樣的分支與滅絕。出現於大約七百萬年前的人類，一邊多樣化、一邊花了大約五百萬年的時間在非洲度過。後人屬則廣布於亞洲和歐洲，再繼續多樣化。不過他們並不是演化成那些地區的現代人類，而是由在大約二十萬年前出現於非洲的智人這一種廣布到全世界，而各地的原人和舊人們則滅絕了。

◀大約在一萬年前滅絕的大型植食獸——大地懶。

插圖／加藤貴夫

滅絕的不是只有人類而已。人類獲得了用兩腳步行、發達的腦以及使用工具等其他生物所沒有的傑出能力，達成急速的演化，並繁榮到能夠支配地球的程度。但另一方面，人類也把許多生物逼到了滅絕的地步。從前是因為覓食求存的狩獵，也有因為開發導致棲息地消失、環境改變於是無法存活的物種。現在則有許多生物都面臨絕種的危機，也有人認為這是和發生在過去地球史上的大滅絕，可以相匹敵的狀況。

特別專欄

最繁榮的是昆蟲？

人類，真的能夠說是地球上最為繁榮的生物嗎？這是由於人類在地球上只有智人 *Homo sapiens* 這一種而已，完全不具有多樣性。相反的，在地球上最富多樣性的生物其實是昆蟲。光是已經被確認的物種就已經超過 100 萬種以上，大約占了全部物種的四分之三。據說要是包含尚未被發現的物種的話，應該會超過 1000 萬種以上。

昆蟲是在古生代泥盆紀前期出現的，在那之後歷經了 4 億年的時間持續生活在地球上，有在空中飛的、在水中生活的等等，生活方式非常多樣。其實真正在支配地球的，難道是昆蟲！

▼史上最大有袋類——雙門齒獸，大約在 4 萬 6000 年前滅絕。

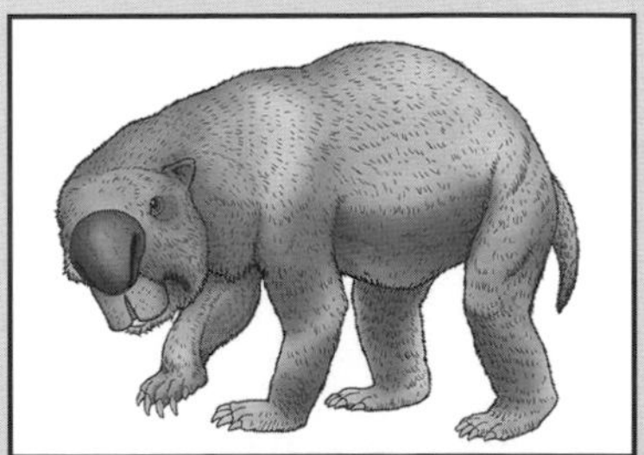

插圖／加藤貴夫

在撒哈拉沙漠 無法唸書

又怎麼了？
你又說了什麼讓媽媽那麼生氣？
沒什麼，只是她每次都很囉唆，一直叫我唸書，
所以我就跟她說了。
要叫我唸書的話，
首先要給我一個良好的環境。
這是什麼意思？

以小夫為例，他為了進入有名的私立中學，所以非常認真唸書。
你知道他在哪裡唸書嗎？
他家在暑假時，租下了輕井澤的別墅。
跟他比起來，這個房間如何啊？
又狹小又悶熱，房間還很髒亂……
所以我跟媽媽說，要叫我唸書的話就先去租別墅吧！
只要環境好的話，你就願意認真唸書了嗎？
當然願意啊！
那麼，別說是輕井澤，去瑞士高原的話，你就會更用功嗎？
我想效率應該會更好！
而且可以廢寢忘食的唸書。
佛羅里達的森林，或是加拿大落磯山脈的湖水四周，那邊環境也不錯耶！

Q 很久以前，化石的發掘競爭越線，導致發生什麼事情？①吵架 ②打架 ③槍戰

※ 咻咻咻

從早到晚，我都會坐在書桌面前。
ウイン
ウイン
ウイン
哇啊！這裡是哪裡？
加拿大的傑士伯公園啊！開始唸書吧。
是那個道具吧！
「觀光遙控器」。

A ③ 槍戰。十九世紀末期的古生物學者馬什和柯普的發掘團隊，為了爭奪發掘地點，到最後發展成槍戰。

只要調整經緯度，就可以將那裡的景色透過電波傳送，將影像投射在周圍的環境。
所以說，這是加拿大真正的景色!?
這麼說來，微風正吹過樹梢，湖面的波光也在閃爍著。
湖水好像很沁涼！
太棒了！
危險啊！
房間的大小還是沒有改變啦！
撞上
按鈕的設定從百公里為單位到公尺為單位都可以調整，共有四個階段。
所以像北極那麼遠的地方，
到家裡院子這麼近的距離都可以自由的投射影像。

Q 恐龍的化石之中，有被命名為「巨人的蛋蛋」的種類。這是真的嗎？

A 真的。在十七世紀發現疑似恐龍大腿骨的骨頭，被後來的研究者以帶有「巨人的蛋蛋」意思的文字命名。

讓我試試看！我想要投射小夫家的別墅。
好啊！
先大略調到日本，
然後再做細部調整。
咦？
哎呀！輕井澤現在正在下雨呢！
這裡也漏水了！
沒辦法，只好撐雨傘了！
為什麼要借這麼破爛的別墅嘛。
因為這是最便宜的了。
嘿嘿嘿。
小夫啊！
漏水的狀況怎麼樣啊？
你怎麼會知道？

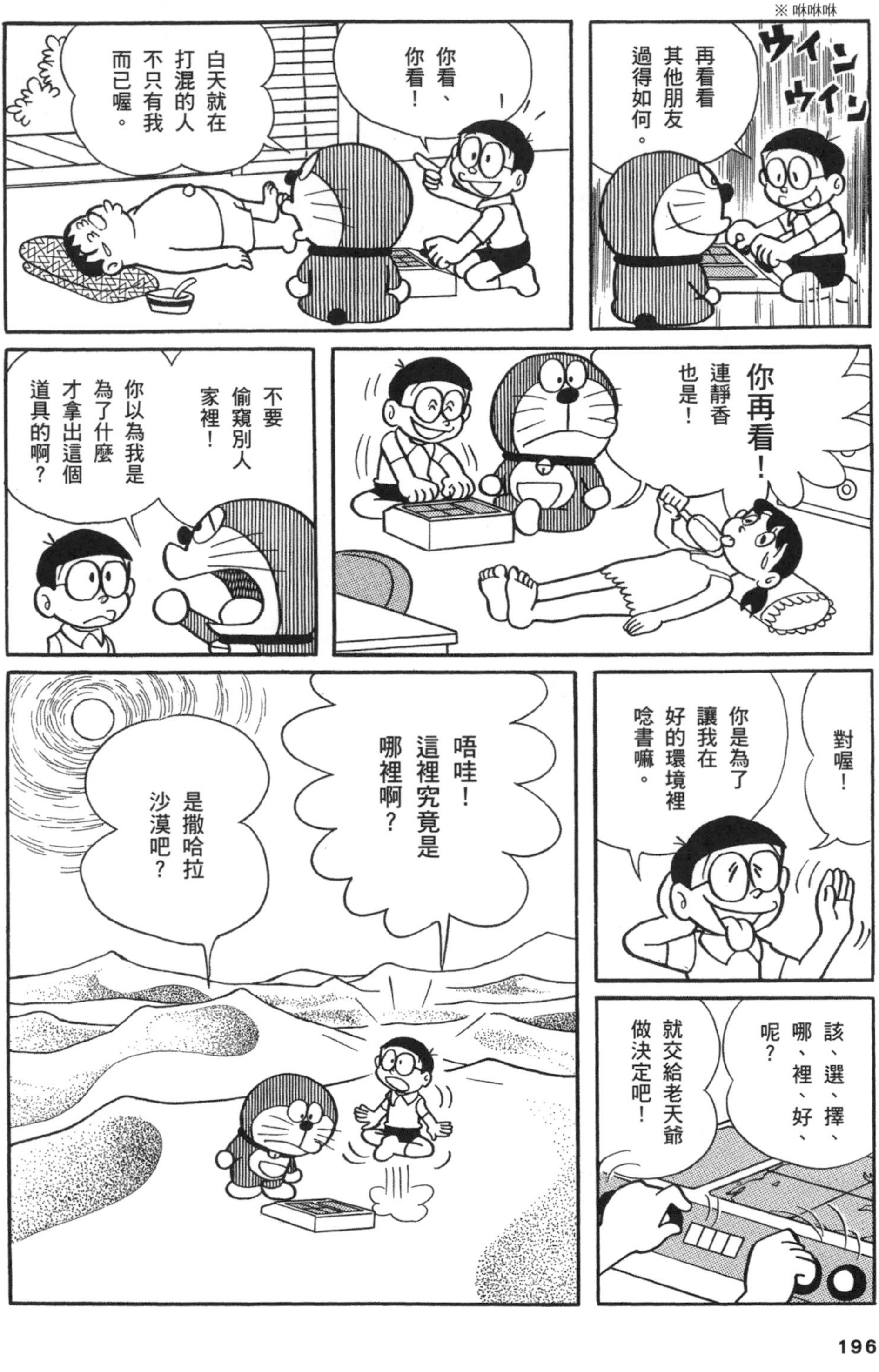
※咻咻咻
ウインウイン
再看看其他朋友過得如何。
你看、你看！
白天就在打混的人不只有我而已喔。
你再看！
連靜香也是！
不要偷窺別人家裡！
你以為我是為了什麼才拿出這個道具的啊？
對喔！
你是為了讓我在好的環境裡唸書嘛。
該、選、擇、哪、裡、好、呢？
就交給老天爺做決定吧！
唔哇！這裡究竟是哪裡啊？
是撒哈拉沙漠吧？

神祕化石時光布Q&A

Q 在歷史悠久的百貨公司等建築物的大理石牆面和地板上，有時也能看到化石。這是真的嗎？

A 真的。有時會有植物、貝類或菊石的化石埋在裡面。

感覺太寬廣了，無法集中精神……
那麼再找其他的地方吧！
等一下！
那個是？
好像是人影耶。
把景色移動一下，往西北方向約一公里。
是遇難者！
水……給我水…

要水是嗎？來了！
笨蛋！這個人現在正位於遙遠的撒哈拉沙漠呢！
趕快派救護車！
有人快死掉了。
位置啊？
是在撒哈拉沙漠……
掛斷！
好痛苦……
快死了……
該、該怎麼辦才好？
拿出「任意門」吧！
鑰匙放到哪裡去啦？
用「竹蜻蜓」！
用這種，不知道要花幾十天才能到。
我快死了……

神祕化石時光布Q&A

Q 在二〇一六年變成實際存在的恐龍名字為何？①新世紀福音戰士龍 ②哥吉拉龍 ③超人力霸王龍

A ②哥吉拉龍（Gojirasaurus）。由於化石的命名者是怪獸電影「哥吉拉」的超級粉絲，於是就這樣命名了。

※轟轟轟
ゴォン
ゴォン
飛機好像發現他了呢。
這下可以安心了。
真是太好了！
連我都捏把冷汗！
好了，你也差不多該決定地點開始唸書了！
話雖這麼說，但是幾乎找不到可以專心唸書的景色耶！
你還在說那種話！
好吧！我就找出能讓你專心唸書的景色！
這是老師家。

什麼樣的地方容易找到化石？

那個是？

容易變成好化石的條件

為了要形成狀態良好的化石，遠古生物的屍體遺骸或是其生活的痕跡，必須在沒有腐壞或是損毀的狀態下被埋在土裡或是石化，並保存數千萬年，甚至數億年。由於化石是包含在由小石頭、火山灰、泥土及生物屍體層層堆疊形成的「沉積岩」中，所以要找到化石的第一步，就是要找到這種沉積岩。

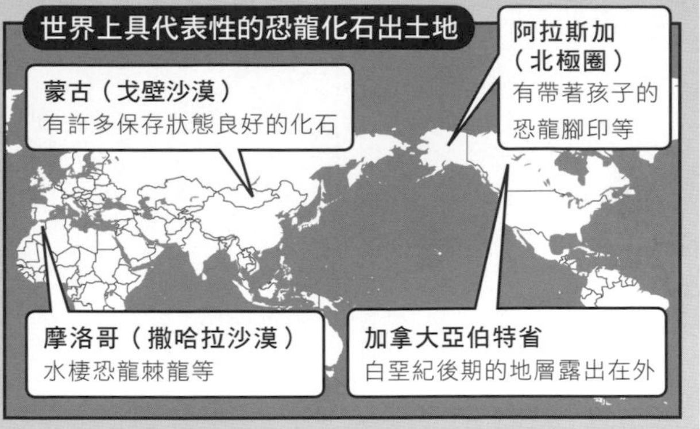
世界上具代表性的恐龍化石出土地
蒙古（戈壁沙漠）
有許多保存狀態良好的化石
阿拉斯加（北極圈）
有帶著孩子的恐龍腳印等
摩洛哥（撒哈拉沙漠）
水棲恐龍棘龍等
加拿大亞伯特省
白堊紀後期的地層露出在外

在沙漠容易找到化石的原因

但是，化石以完整的狀態存在於容易被看見的場所這種例子，只占整體的很小一部分。即使運氣好變成化石，要是地層被草木覆蓋或是位於海底的話，還是永遠不會被我們看到。在世界各地的地層裡，應該還沉睡著無數不見天日的化石吧！

從這樣看來，沙漠就是一個尋找化石的絕佳環境。在草木既少，又很難得下雨的沙漠中，由於很容易找到包含了沉積岩的地層，地層又很少被雨水削掘，於是就能夠發現許多狀態良好的化石。

事實上，世界上少數的恐龍化石出土地中，以沙漠占最多；有時候也能夠找到全身都還連在一起的恐龍化石。所以世界各國的研究者組成調查隊，前往那些地方進行大規模的發掘調查。

影像提供／冨田幸光

▲從搭帳篷、設置營地到準備飲食，一切事情都得自己打理。

嚴酷環境中的發掘調查 有著重裝備、眾多人員……

可是像沙漠般的「化石寶庫」，對人類在生活上來說卻是非常嚴酷的環境。何況又沒有像使用超音波探測機尋找魚群般能夠告訴我們化石在哪裡的高科技機器存在。即使是科學很發達的現在，尋找化石所能依賴的還是只有「人的眼力」而已。

所以在嚴酷環境中的發掘調查，經常會需要長達幾個月以上的時間，並且有必要做充分的準備及攜帶足夠的裝備。

帳篷、食物、生活用品，以及載運這些裝備用的汽車。衣食住行所必要的物品全部都得帶著走，才能夠進行的化石發掘調查，這是向嚴酷的大自然挑戰的長期旅行。

特別專欄

日本有哪些地方可以找到化石？

從前一直都認為在四面都被海洋包圍、平地很少的日本國土中，應該是很難發現像恐龍般大型動物的化石。可是近年來在日本各地都陸續發現了恐龍的化石，也有些地方正在進行大規模的調查。

特別是在有侏羅紀到白堊紀時代地層分布的北陸地方，是日本主要的化石出土地。除了恐龍以外，也找到了鱷魚及鳥類等狀態良好的化石。

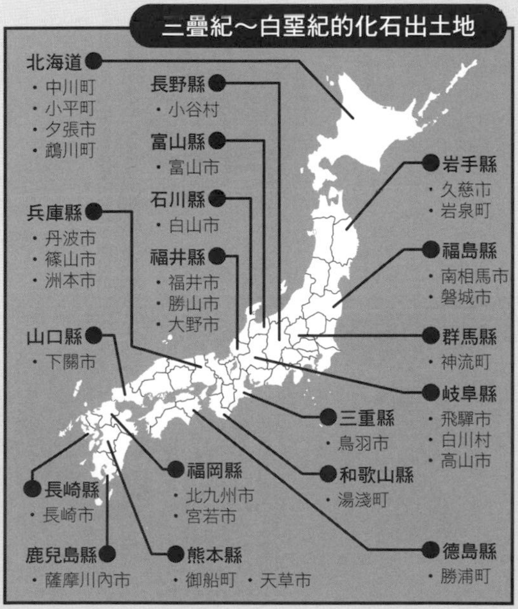
三疊紀～白堊紀的化石出土地
北海道
・中川町
・小平町
・夕張市
・鵡川町
長野縣
・小谷村
富山縣
・富山市
石川縣
・白山市
福井縣
・福井市
・勝山市
・大野市
兵庫縣
・丹波市
・篠山市
・洲本市
山口縣
・下關市
岩手縣
・久慈市
・岩泉町
福島縣
・南相馬市
・磐城市
群馬縣
・神流町
岐阜縣
・飛驒市
・白川村
・高山市
三重縣
・鳥羽市
和歌山縣
・湯淺町
福岡縣
・北九州市
・宮若市
長崎縣
・長崎市
熊本縣
・御船町　・天草市
鹿兒島縣
・薩摩川內市
德島縣
・勝浦町

化石挖掘如何進行？

發掘調查隊的成員結構

參加發掘調查隊的研究者們有著各種不同的專業領域，不光只是恐龍或哺乳類等古生物學家而已，有時候也會有古植物學家或是地質學家等參加。此外，為了不把在發掘現場找到的化石弄壞而能完整帶回來，被稱為「清修員（preparator）」的化石技術員也是不可或缺的。

另外，如果是在海外進行發掘調查的話，還需要有對當地很熟悉的嚮導及司機加入團隊才行。

到最後，參加調查隊的成員人數就會多達十多人。在需要長時間共同生活的發掘調查中，有時候也會參與自己專業領域以外的作業。

▲ 發掘調查是靠著各個領域的研究者及專家的團隊合作才能進行。

插圖／佐藤諭

在發掘作業時使用的工具

▲ 發掘作業的狀況，全體人員一起合作進行。

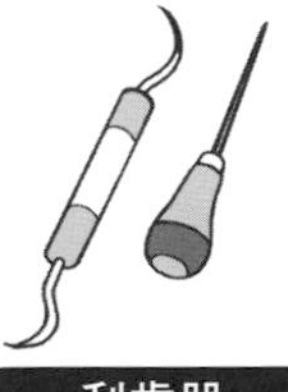

刮齒器
錐子

在去除化石周圍的泥土或岩石時使用。

刷子
吹球

在不損毀化石的狀態下，用來去除被敲掉的岩石碎片。

硬化劑

當化石變脆、變碎的時候，就噴上讓它變硬的藥劑，補強之後再挖出來。

影像提供／冨田幸光　插圖／佐藤諭

找到的化石要在挖掘出來之前先記錄

化石發掘調查的目的，是把化石挖出來帶回去，但是和它同等重要的，是記錄化石「在哪裡？以何種狀態被發現？」這樣的記錄，能夠成為在現場周邊尋找其他新化石時的線索。此外，有時候也能夠推測出在當時的化石周圍發生了什麼事情。

所以發現化石後，並不是馬上就把它挖出來，要一邊確認化石分布的範圍，再慎重的去除周圍的泥土和岩石。

當可以判斷出大致的化石狀態之後，就要以拍攝照片或是素描的方式來記錄現場狀況。假如找到的化石是動物的骨骼，就要正確的記錄是哪個部位的骨頭、是在現場的哪個位置發現的？左上的素描，是實際在發掘現場畫的。想當古生物學家，就連素描能力都是必要的呢！

影像提供／冨田幸光

◀ 在發掘現場所畫的素描。為了要能夠順利進行緊接在後的發掘作業，必須要迅速且正確的做記錄才行。

影像提供／冨田幸光

▶ 看得出來在發掘現場是被繩子分隔成格狀吧。這些網格，跟上方素描的一格格正方形是相對應的。

特別專欄

也有中學生及高中生找到過化石喔！

一九六八年，在日本福島縣磐城市發現蛇頸龍「雙葉鈴木龍」的鈴木直先生，在發現當時還是個高中生。根據後來的研究，知道雙葉鈴木龍是新品種的蛇頸龍，所以現在就有了 *Futabasaurus suzukii* 這樣的學名。

在二〇一二年，有中學生在參加岩手縣久慈市舉辦的琥珀發掘體驗活動時，發現了肉食恐龍的腳趾化石。所以，世紀的大發現並不只是研究者的專利，你也是很有機會的喲！

從早到晚，我都會坐在書桌面前。

從化石製作骨骼標本

把採到的化石帶回去

在現場做過記錄以後，就必須設法在不把化石弄壞的狀態下把它帶回去。在此時進行的化石「打包作業」是很特別的。

連周圍的岩石一起被挖出來的化石，會用石膏布一層層的捲起來。大型的就用三合板等把它圍起來，再把石膏灌到裡面去。簡直就像是在骨折的時候幫患部上石膏以便固定保護一般的用石膏來保護化石。

打包完的化石，會在寫上日期、場所、發現者等資訊後，再運往研究室。

影像提供／冨田幸光

▲以石膏的「繃帶」纏起來的化石。這種搬運方法稱為「石膏外套(plaster jacket)」。

進行準備作業（清理化石）

從現場帶回去的化石，會在研究室的專用設施中進行「準備作業」。所謂準備作業就是要把附著於化石周圍的岩石去除，讓化石能夠重現原形的作業。這時所需要的工作人員是清修員（請參照第二〇二頁），他們會用針或是鏟子等工具，以及研磨機等牙醫師在治療蛀牙時所使用到的機械，把化石從岩石上剝下來。他們會以礦物與化石的知識為基礎，靈巧的操作工具和機器，慎重作業。

▼細微的作業是邊看顯微鏡邊進行的，簡直就像是在動外科手術呢！

插圖／佐藤諭

從化石了解遠古

在準備作業之後，從岩石中現身的化石，各種各樣都有。動物的骨骼或牙齒、留在地面上的腳印、羽或糞便等生活痕跡……雖然這些都是能夠讓我們知道當時的生物狀況與生活情況的貴重資料，但是實際的物件卻只有一個而已，非常容易損毀。於是就會由清修員製作和實際物件非常酷似的化石模型，稱為「複製品（replica）」。

只要有了複製品，就能夠跨越地域的限制，把原本的化石資訊跟各國的研究設施及博物館共享。換句話說，就是能夠透過許多的研究者，進行更深入的研究。

影像提供／冨田幸光

◀在發掘時沒找到的部位有時候也會用複製品填補，然後重現動物的全身骨骼。

特別專欄

體驗化石發掘

這是在日本能夠學習化石發掘基礎的設施一覽表。你也可以在這些地方借到必要的工具。從這樣的發掘體驗中，有時候也能夠有大發現哦！

註：關於舉辦日期、報名費、預約方法等詳細內容，請參照各單位官網。

插圖／佐藤諭

- ●久慈琥珀博物館（岩手縣）
  http://www.kuji.co.jp
- ●磐城市菊石中心（福島縣）
  http://www.ammonite-center.jp/
- ●白山恐龍公園白峰（石川縣）
  http://city-hakusan.com/
- ●樹葉化石園（栃木縣）
  http://www.konohaisi.jp/
- ●神流町恐龍中心（群馬縣）
  http://www.dino-nakasato.org/
- ●勝山恐龍森林（福井縣）
  http://www.kyoryunomori.net/
- ●御所浦白堊紀資料館（熊本縣）
  http://gcmuseum.ec-net.jp/

註：官網的網址是 2016 年 10 月時的資料。

後記 化石是來自遙遠過去的訊息

日本國立科學博物館名譽研究員
冨田幸光

雖然說地球的生命歷史有三十八億年，但是實際上是從寒武紀的初期（約五億四千萬年前）開始發現許多化石的。遠古的生物被埋在地層裡，而後總算變成化石出現在我們的眼前，所以在這段期間會經過各式各樣的地殼變動等作用，把含有化石的地層切得很零碎，或是上下翻轉，在過程中被削掘等等，讓地層的順序變得非常不容易辨識。

書上說，化石通常藏在古老的地層中

更何況在這樣的狀況下，年代越古老就越糟糕。以書本做比喻的話，就是書頁一張張掉下來，或是破損，或是缺了許多頁。要把這些書頁按順序重新排好，必須依賴地質學的知識。最近測量地層或岩石年代的各種方法很發達，對於調整書頁很有幫助。而後依照這種調整好的書頁順序調查化石，才首次看出生物的演化。像這樣的作業，假如只侷限在日本，沒辦法看出真正的生物演化。生物並沒有國界，況且陸地也會因板塊運動而移動。

在過去三十到四十年之間，光是日本就有各種不同的新發現。雖然日本在一九八〇年代之前都不曾發現過恐龍化石，不過自從一九八一年發表了最初的化石以來，在日本總共有二十六個地方找到過化石，其中還發掘過幾乎完整的全身骨骼。其他還有原始的哺乳類或是原始的單弓類、翼龍、蜥蜴、烏龜、青蛙等等，各種各樣的動物化石伴隨著恐龍，從中生代的地層中被發現。此外，還新發現了許多的物種，像是古第三紀的古老型態哺乳類，或是新第三紀的河狸或鼠類等。而這個結果讓日本和歐亞大陸、北美大陸的陸連關係也變得更為明確。

此外，不只是新種的命名或是認識陸地的陸連而已，也了解到這些動物是棲息在什麼樣的環境？有著什麼樣的生態？例如瑙曼象究竟是為什麼、在何時滅絕的等等問題，答案也變得相當清楚。不是只有爬蟲類或哺乳類而已，不具背骨（也就是無脊椎動物）的菊石類、貝類、昆蟲類以及植物，也都隨著新發現的化石，而逐漸讓人了解當時的環境、生態、演化，以及滅絕的狀態。

雖然從具有科學意義的化石研究開始，已經超過兩百年，但我們還是陸續發現許多新事物，做著新研究。翻閱本書的讀者一定都很喜歡化石吧！有沒有人很擔心自己雖然很喜歡化石，但是等到自己長大成人，想研究的主題都已經被別人做完了呢？這種事絕對不會發生的！

到目前為止所發現的化石從整體來看只是非常小的一點點。此外，有時原本認為已經解決的事物，也會因新發現而必須重新研究。由於變成化石的生物，是在沒有國境的地球上生活，所以得把全世界的化石當成研究對象才行。假如大家想要成為化石的研究者（古生物學家），我希望大家除了學好外文之外，也必須具備健康的身體，才能承受像戈壁沙漠般的嚴酷環境，並進行野外調查，另外還要有和外國人好好相處的誠摯的心。

小嗶！這裡才是屬於你的世界。
在這裡，你一定要過得幸福喔。

哆啦A夢科學任意門 15

神祕化石時光布

●漫畫／藤子・F・不二雄
●原書名／ドラえもん科学ワールド—— 生命進化と化石の不思議
●日文版審訂／ Fujiko Pro、冨田幸光
●日文版撰文／瀧田義博、窪內裕、丹羽毅、甲谷保和、芳野真彌
●日文版版面設計／ bi-rize
●日文版封面設計／有泉勝一（Timemachine）
●日文版編輯／ Fujiko Pro、杉本隆

●翻譯／張東君
●台灣版審訂／吳聲海

發行人／王榮文
出版發行／遠流出版事業股份有限公司
地址：104005 台北市中山北路一段 11 號 13 樓
電話：(02)2571-0297 傳真：(02)2571-0197 郵撥：0189456-1
著作權顧問／蕭雄淋律師

2017 年 5 月 1 日 初版一刷　2024 年 2 月 1 日 二版一刷
定價／新台幣 350 元（缺頁或破損的書，請寄回更換）

ISBN 978-626-361-415-4
遠流博識網 http://www.ylib.com E-mail:ylib@ylib.com

◎日本小學館正式授權台灣中文版
●發行所／台灣小學館股份有限公司
●總經理／齋藤滿
●產品經理／黃馨瑝
●責任編輯／小倉宏一、李宗幸
●美術編輯／李怡珊

國家圖書館出版品預行編目(CIP)資料

神秘化石時光布 / 藤子・F・不二雄漫畫；日本小學館編輯撰文；張東君翻譯. -- 二版. -- 台北市：遠流出版事業股份有限公司, 2024.2
面；　公分. --（哆啦A夢科學任意門 ;15)

譯自：ドラえもん科学ワールド：生命進化と化石の不思議
ISBN 978-626-361-415-4（平裝）

1.CST: 演化論　2.CST: 化石　3.CST: 漫畫

362　　112020397

DORAEMON KAGAKU WORLD—SEIMEI SHINKA TO KASEKI NO FUSHIGI
by FUJIKO F FUJIO

※ 本書為 2016 年日本小學館出版的《生命進化と化石の不思議》台灣中文版，在台灣經重新審閱、編輯後發行，因此少部分內容與日文版不同，特此聲明。